U0056805

為口感、味道、香氣增色的步驟拆解教學

「烘焙前置作業」3 堂課
做出誘人甜點蛋糕

Craive Sweets Kitchen
熊谷裕子

瑞昇文化

只要一點「事前準備」，
就能變成專家級的美味甜點！

CONTENTS

{ 關於材料 }

＊砂糖可使用上白糖或細砂糖。如果有指定使用「糖粉」或「細砂糖」時，請依照指定材料製作。

＊使用 L 大小的雞蛋，標準為蛋黃 20g、蛋白 40g。

＊鮮奶油使用動物性乳脂肪含量 35% 或 36% 的產品。

＊延展麵團時，手粉使用高筋麵粉，如果沒有的話可用低筋麵粉代替。

＊請事前按照指定分量的冷水泡發吉利丁粉。若要溶解使用時，可加熱吉利丁直到變成液態為止，但要注意火候，沸騰之後會很難凝固。使用溫的吉利丁。

{ 關於道具 }

＊請使用大小適中的鋼盆和打蛋器，若量少卻使用過大的器具時，會導致蛋白和鮮奶油不易打發起泡，或難以與麵糊拌勻。

＊請先將烤箱預熱至指定溫度。

＊烤焙時間及溫度會因每個家庭的烤箱不同而有差異，請務必確認烤焙狀態並進行調整。在本書中，如果是使用瓦斯型炫風烤箱時，會標註適合的溫度及時間。

＊本書使用的模具和鋸齒刮板都能在烘焙材料行買到。

只要一點「事前準備」，
就能變成專家級的美味甜點！

做過許多甜點，也能做出美麗的外觀裝飾。

但是，明明外表看起來很美味，吃的時候卻覺得「美中不足」。

即使做的是水果塔，卻覺得味道不夠，

塔皮也沒有酥脆的感覺……

在甜點店買的蛋糕，

明明看起來很簡單，為何那麼好吃呢？

事實上，專家們做的甜點中，

都包含著我們看不到的「材料的事前準備」。

加在蛋糕中的水果，

都會預先醃泡或事先熬煮，

裝飾水果或慕斯時，

也會注意不讓酥脆的塔皮變得濕軟，

做焦糖時，也會配合甜點的口味改變焦度。

為了能夠展現材料的美味，

專家會下獨門的功夫。

在家裡做甜點時，只要花點心力，

就能讓口感和食材風味大幅提升。

一起來學習事前準備的技巧，讓手作甜點變身成專家級味道！

增加
水果風味的
技巧

使用水果的甜點，既多汁又散發著清爽的香氣。但是若直接將水分多、沒那麼酸的水果加入甜點時，容易讓人覺得味道淡薄，沒有記憶點。因此，為了強調水果風味以及做出甜點的層次感，在此為讀者們介紹事前準備的技巧。

事前準備的技巧

* * * 用果凍或果醬濃縮味道 * * *

　　過濾果汁和果肉所做成的「果泥」，是濃縮了水果風味及酸味的材料。用吉利丁將果泥固定成果凍放進蛋糕中，即使量不多，也能做出層次感。

　　另外，果醬同樣是濃縮水果風味的材料，推薦將果汁和果肉一起熬煮，但市售果醬都太甜，不適合拿來做甜點，請嘗試用少量的砂糖自己動手做。

* * * 用醃泡法預先調味 * * *

　　若直接使用味道溫和的水果，其香氣容易被味道濃郁的鮮奶油或奶油抵銷，這種時候，若要補強水果原本擁有的味道，就要將水果浸泡在同種類風味的利口酒或酸味較強的果汁中，味道會瞬間變得鮮明。

　　醃泡時所有水果都要浸在液體中，然後在表面覆蓋大小剛好的保鮮膜。使用時，要先將醃泡的水分充分瀝乾，重點是不要讓甜點變得濕軟。

* * * 熬煮水果柔和口感 * * *

因為蘋果或西洋梨口感較硬，不適合慕斯蛋糕等口感柔軟的甜點。因此，我們可以將這些水果熬煮至柔軟，變成糖煮水果。煮的時候如果加入香料或莓果泥，能讓味道產生變化。不過還是要保留一點程度的口感比較好，所以要注意不能煮到軟爛變成果醬狀。

* * * 用熱水浸泡果乾 * * *

果乾因為是水果味道的濃縮，所以味道較強，不輸給奶油或香氣逼人的蛋糕體。反之，若是口感柔軟的甜點，就不適合直接使用脆硬的果乾，也無法有效地發揮果乾的作用。此時，可以將果乾泡在熱水裡，讓果乾變得柔軟，或浸泡在利口酒中，補足果乾風味。使用時，別忘了仔細將水分擦乾。

* * * 奶油讓檸檬口感變得滑順 * * *

將檸檬、雞蛋和砂糖一起加熱，就能煮出滑順的檸檬奶油，不只有酸味，更散發著清爽的香氣，可以直接作為主角使用在蛋糕上，也可以混合鮮奶油，讓味道變得柔和。用檸檬奶油搭配甜點時，能自由地調整風味，更可以取代鏡面果膠當作裝飾。

Solenne 草莓奶油慕斯蛋糕

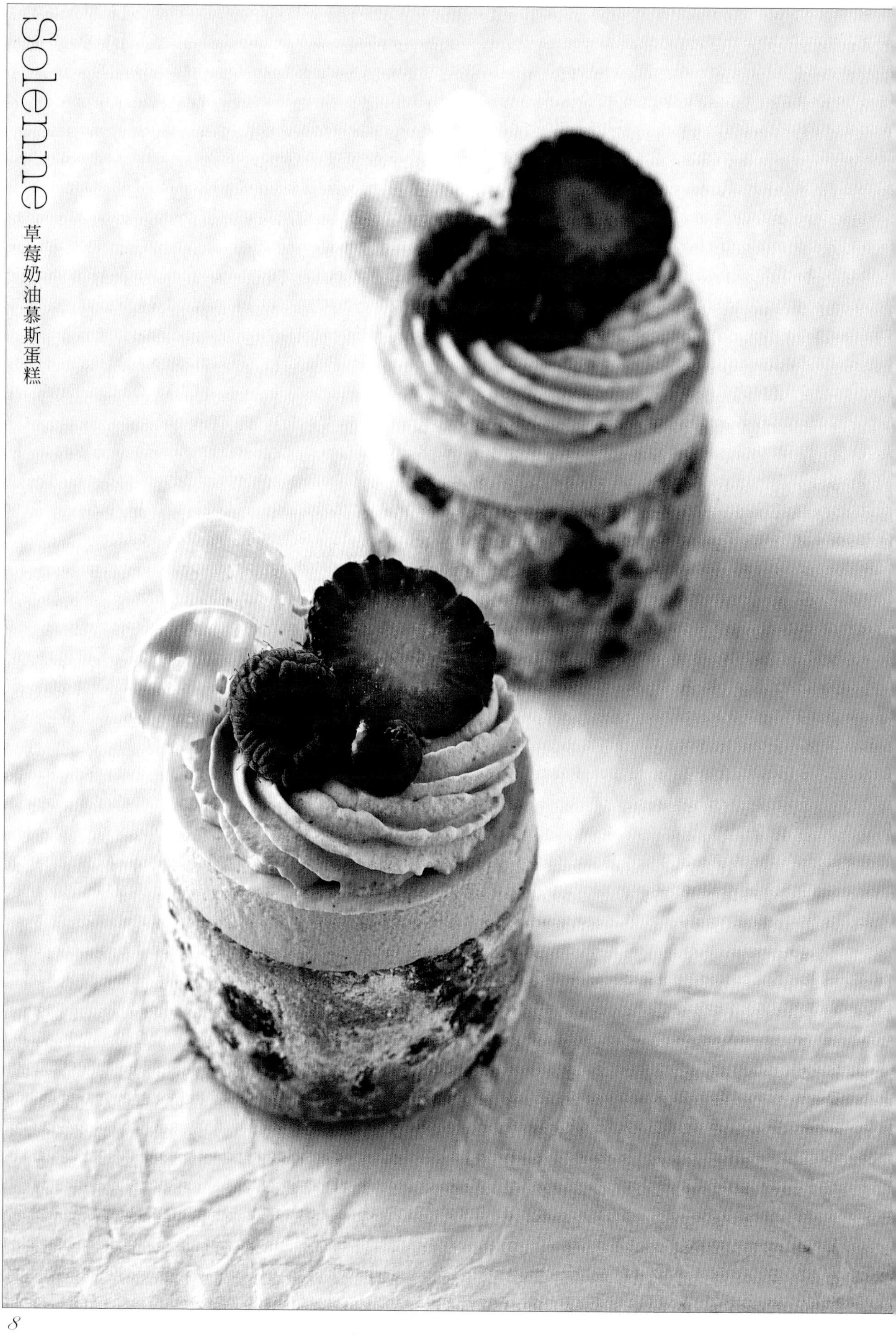

Solenne

草莓奶油慕斯蛋糕

結合草莓和白巧克力，就成為具有柔和甜味的「草莓牛奶」慕斯蛋糕，裡面藏有濃縮的草莓風味和 Q 彈口感的果凍。果凍中還加入了檸檬汁提味，用清爽的酸味突顯整體的味道。

使用草莓果凍突顯味道

在草莓果泥中加入吉利丁做成果凍，就能突顯味道柔和的慕斯蛋糕，並藉由加入少量的檸檬汁提味，如此一來，果凍比起新鮮的水果更具酸味，還能感覺到味道的精華濃縮在裡面。

材料　直徑 5.5cm、高 5cm 的圓柱形模具 4 個

手指蛋糕體

蛋白	1 顆
砂糖	30g
蛋黃	1 顆
低筋麵粉	30g
冷凍覆盆莓（整粒）	適量
防潮糖粉	適量

草莓果凍

冷凍草莓果泥（解凍）	30g
檸檬汁	5g
砂糖	5g
吉利丁粉	1g
（用水 5g 泡發）	

草莓白巧克力慕斯

冷凍草莓果泥（解凍）	70g
砂糖	10g
白巧克力（切碎）	35g
吉利丁粉	3g
（用水 15g 泡發）	
鮮奶油（打發 8 分）	60g
冷凍覆盆莓（整粒）	30g

裝飾

鮮奶油（打發 6 分）	50g
過濾過的覆盆莓果醬	15g
草莓、覆盆莓、紅醋栗	各適量
巧克力裝飾（參考 94 頁）	適量

＊防潮糖粉是裝飾用的糖粉

作法

1 參考 36 頁，製作手指蛋糕。在影印紙或烤盤上，將麵糊延展成 24×20cm 的長方形。覆盆莓維持在冷凍的狀態，切碎撒在麵糊上，用 190 度的烤箱烤 8～9 分鐘。

2 冷卻後，用濾茶網將防潮糖粉撒在蛋糕體上。切下四條 16.5×4cm 的蛋糕體當作側面，用直徑 4cm 的中空圈模切出底部的蛋糕體。

Point
撒上防潮糖粉後，覆盆莓比較易切且不沾黏，也比較不會沾黏在模具上。

3 再一次將防潮糖粉撒在側面的蛋糕體上，並將撒了糖粉的那面朝外，放進模具中。底部的蛋糕體則是將烤焙的那面朝上，鋪進模具中。

4 製作草莓果凍。將草莓果泥、檸檬汁和砂糖混合，一邊攪拌一邊加入已泡發並用微波爐溶解的吉利丁。

5 將調理碗放入冰水中冷卻，直到果凍變成會輕微晃動的程度。

Point
液體狀的話會很難倒入慕斯中，形狀要稍微固定。

6 製作草莓白巧克力慕斯。在小鍋中加入草莓果泥及砂糖，煮到沸騰後，將白巧克力分 2 次加入，每次都仔細攪拌，溶解巧克力。

7 倒入已泡發並用微波爐溶解的吉利丁，將碗放入冰水中冷卻，直到出現勾芡。

8 倒入打發的鮮奶油，仔細地拌勻。

9 分別倒入 30g 至 **3** 的模具中，用湯匙背面塗抹至模具邊緣，正中央保持凹陷。

10 將草莓果凍分成 4 等分放入凹陷處，再放上切碎的冷凍覆盆莓，輕輕地壓進去。

11 將剩下的草莓白巧克力慕斯倒入，用抹刀抹平，放入冰箱定型，也可以放到冷凍庫保存（參考 92 頁）。

12 製作裝飾用的奶油。將鮮奶油打發至 6 分，加入覆盆莓果醬，用橡膠刮刀混合攪拌。如果顏色不見的話，可以加入用微量的水溶解的食用紅色色素，讓奶油變成漂亮的粉紅色。

13 將 12 放入星型花嘴（12 齒，尺寸 10 號）的擠花袋中，將蛋糕從模具中取出，在表面邊緣擠出一大圈奶油。用切好的草莓、覆盆莓、紅醋栗、網格狀的巧克力裝飾片裝飾。

Point

加了果醬後鮮奶油就會凝固，所以將鮮奶油打發至較鬆的 6 分即可。

Arrange
***

用甜點讓派對變得華麗

用大型模具製作的話，就會成為在派對上受到矚目的蛋糕。照片是使用一邊長為 7.5cm 的六角形模具做出來的蛋糕。草莓白巧克力慕斯、裝飾用奶油的量大約為 1.5 倍。

Chantelle 香緹蛋糕

Chantelle

香緹蛋糕

說到柑橘風味的生乳酪蛋糕，一般使用的是檸檬，不過若改用香橙的話，香氣會更豐富。
在奶油乳酪中加入刨碎的果皮，中間夾著用整顆香橙熬煮成的果醬，味道會更好。果醬的
黏稠口感，以及底部的糖粉奶油細末的酥脆口感是重點。

提升風味的秘訣 ***

用整顆香橙熬煮

香橙即使是外皮也幾乎不會有苦味，所以連同
果皮和纖維熬煮整顆香橙，就能做出濃縮香橙
風味的果醬。為了突顯味道，要控制砂糖的用
量。

材料　直徑 6cm、高 3cm 的圓柱形模具 4 個

香橙果醬

香橙	1 個（100g）
砂糖	40g（香橙重量的 40%）
水	70g

糖粉奶油細末

無鹽奶油	10g
糖粉	10g
低筋麵粉	15g
杏仁粉	10g
牛奶	2g

奶油乳酪

奶油起司	80g
砂糖	25g
牛奶	35g
吉利丁粉	3g
（用水 15g 泡發）	
刨碎的香橙皮	½ 顆
鮮奶油（打發 5 分）	60g

裝飾

鮮奶油（打發 8 分）	60g
砂糖	5g
巧克力裝飾、塑型巧克力裝飾	
（參考 94、95 頁）	各適量

作法

1　製作香橙果醬。將香橙分成 4 等分，分開果肉和果皮，將果皮切成薄片，果肉去籽。

2　將砂糖、水、香橙果肉、果皮放入鍋中，轉中火，一邊攪拌一邊熬煮。當煮到水分蒸發時，再加入少量的水繼續煮，直到果皮變得透明，呈現黏稠狀時，放入碗中冷卻。

3　製作糖粉奶油細末。在食物調理機中加入牛奶以外的材料，打至粉末狀，再加入牛奶，打至細末狀。

4　將圓柱形模具放在烘焙紙上，將糖粉奶油細末分成 4 等分倒入，均勻地鋪在底部，可以留點空隙。

5　用 180 度的烤箱烤焙 12 分鐘，直到出現香氣和焦色，拿下模具，放置冷卻，放涼後再將模具套回去。

6　製作奶油乳酪。將奶油起司放置至常溫，打成奶油狀，依序加入砂糖和牛奶，每次都仔細攪拌，加入已泡發並用微波爐溶解的吉利丁。

7　香橙的黃色外皮刨碎，加入鋼碗中。

8　加入打發至 5 分的鮮奶油，均勻地混合。所謂打發 5 分，指的是當拿起打蛋器時，奶油會滴滴答答往下滴的鬆度。

Point
要有滑順的口感的話，重點是鮮奶油不能打發過頭。

Point
烤焙完馬上拿下模具，之後要從模具取出成品會變得更容易。

9 在 5 的模具中倒入一半的奶油乳酪,用湯匙背面塗抹至模具邊緣並抹乾淨,在每個模具的正中間放入 8〜10g 的香橙果醬。

11 將 10 的模具取下。在裝飾用鮮奶油中加入砂糖,打發至 8 分,再用 1cm 的圓形花嘴,在奶油乳酪上擠出圓形來裝飾。

10 將剩下的奶油乳酪平滑地倒入,放入冰箱定型,也可以放到冷凍庫保存(參考 92 頁)。

12 放上網格狀的巧克力裝飾片,在雛菊狀的塑型巧克力裝飾的背面,塗上少量的鮮奶油,就能貼在蛋糕上。

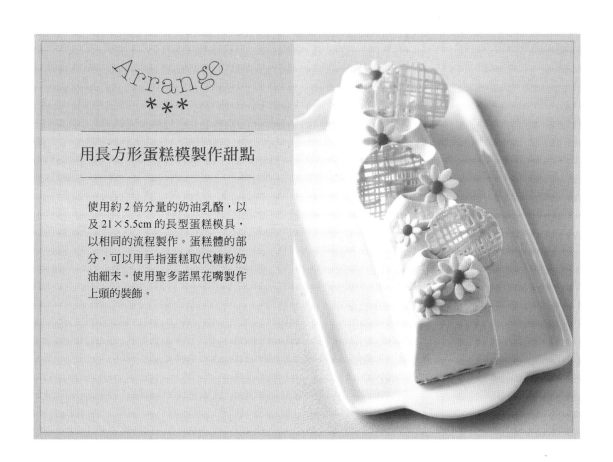

Arrange
***

用長方形蛋糕模製作甜點

使用約 2 倍分量的奶油乳酪,以及 21×5.5cm 的長型蛋糕模具,以相同的流程製作。蛋糕體的部分,可以用手指蛋糕取代糖粉奶油細末。使用聖多諾黑花嘴製作上頭的裝飾。

檸檬奶油蛋糕

Niu

檸檬奶油蛋糕

甜甜的椰奶慕斯配上酸酸的檸檬慕斯的組合。如果只有檸檬汁的話,就沒有新鮮的味道,所以我們製作了使用雞蛋的香濃檸檬奶油來搭配慕斯。蛋糕裡面充滿了含有紅酒的草莓果醬,味道和口感都無可挑惕,當叉子切開蛋糕時,鮮豔的顏色組合也是能讓人感覺到美味的重點。

提升風味的秘訣 * * *

用檸檬奶油讓味道變得濃郁

透過增加雞蛋的分量,能讓人更容易感受到檸檬的風味,如果再加上刨碎的果皮,香氣會更加芬芳。檸檬奶油也可以當作鏡面果膠使用在裝飾上,強調檸檬的風味。

材料　直徑 5.5cm、高 5cm 的圓柱形模具 4 個

手指蛋糕體

蛋白	1 顆
砂糖	30g
蛋黃	1 顆
低筋麵粉	30g
糖粉	適量

草莓果醬（只使用 20g）

草莓	80g
（去蒂,切成 1cm 丁狀）	
紅酒	45g
砂糖	30g

椰奶慕斯

椰奶粉	15g
砂糖	15g
牛奶	30g
吉利丁粉	2g
（用水 10g 泡發）	
鮮奶油（打發 8 分）	40g

檸檬奶油

檸檬汁及刨碎的果皮	各 ½ 個
砂糖	30g
蛋黃	1 顆
蛋白	25g

檸檬慕斯

檸檬奶油	前面取 60g
吉利丁粉	2g
（用水 10g 泡發）	
鮮奶油（打發 8 分）	60g

裝飾

檸檬奶油	前面取適量
鏡面果膠（非加熱型,參考 93 頁）	
	適量
鮮奶油（打發 8 分）	40g
蜜漬金橘、冷凍紅醋栗、食用花	各適量

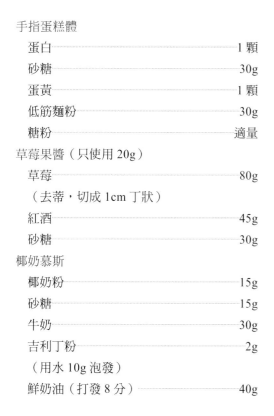

作法

1　參考 36 頁，製作手指蛋糕。在影印紙上，擠出 18×13cm 的長方形麵糊當作側面，以及直徑 5cm 的 4 塊圓片當作底部。用濾茶網將糖粉撒在側面上，用 190 度的烤箱烤 8 ～ 9 分鐘。

2　切下四條 16×3cm 的蛋糕體當作側面，用直徑 4cm 的中空圈模切出底部的蛋糕體。烤焙的那面朝外，將側面蛋糕體放進模具中，也將底部的蛋糕體鋪進模具中。

3　製作草莓果醬。將所有材料放進鍋中，並轉中火，攪拌煮到稍微出現勾芡為止，放涼後取 20g 使用。

4　製作椰奶慕斯。將散開的椰奶粉和砂糖仔細混合，慢慢倒入牛奶。

> **Point**
> 椰奶粉很容易變成塊狀，和具吸水性的砂糖混合後，再加入牛奶，會比較容易溶解。

5　加入已泡發並用微波爐溶解的吉利丁，將碗放入冰水中冷卻，直到出現勾芡狀，加入打發至 8 分的鮮奶油，均勻地混合。

6　將椰奶慕斯倒入 **2** 的模具中，和側面蛋糕體同高，輕抹表面成平滑狀後，再放入冰箱冷藏定型。

7　製作檸檬奶油。將檸檬皮刨碎，搾出檸檬汁。在調理碗中放入所有材料，開小火，用隔水加熱的方式，一邊用打蛋器攪拌一邊加熱材料。

> **Point**
> 檸檬皮白色的部分會有苦味，所以只要刨碎黃色的部分。

8　等到慢慢出現勾芡，打蛋器留有痕跡，奶油呈晃動狀時，將檸檬奶油用濾茶網過濾到碗中。

9　取 60g 製作檸檬慕斯，加入已泡發並用微波爐溶解的吉利丁，放置冷卻。剩下的檸檬奶油則作為裝飾使用。

10 加入打發 8 分的鮮奶油，均勻混合，就完成檸檬慕斯。

13 將剩下的檸檬慕斯平滑地倒入，放入冰箱定型，也可以放到冷凍庫保存（參考 92 頁）。

11 在 6 的模具中倒入一半的檸檬慕斯，用湯匙背面塗抹至模具邊緣並抹乾淨。

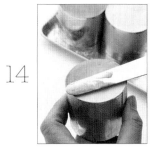

14 在剩下的裝飾用檸檬奶油中，加入等量的鏡面果膠，用抹刀塗在表面上。

12 草莓果醬分成 4 等分，放入正中間的凹陷處。

15 將蛋糕從模具中取出，將打發 8 分的鮮奶油裝進聖多諾黑花嘴（口徑 1.5cm）的擠花袋中，在半邊的蛋糕表面上擠出波浪狀，再以對半切的蜜漬金橘、紅醋栗和食用花裝飾。

Arrange
* * *

下午茶是
迷你塔和俄羅斯果醬紅茶

在檸檬奶油中加入等量的鮮奶油，混合後再擠到市售的塔模中，就變成檸檬奶油塔。將含有紅酒的草莓果醬放入紅茶中，就能享受到俄羅斯紅茶。

Bananier

香蕉費雪蛋糕

Bananier

香蕉費雪蛋糕

「費雪蛋糕」是用草莓搭配香濃的卡士達醬，不過這次我們嘗試使用香蕉而非草莓。卡士達醬本來是加入奶油混合，我們改加入打發的鮮奶油，口感會變得比較輕盈。為了突顯出香蕉的甜味和熱帶風情，重點是要醃泡在百香果泥中。

提升風味的秘訣
* * *

透過醃泡提升熱帶風味和酸味

如果只有卡士達醬和香蕉的話，味道會變得不明顯，透過醃泡在百香果泥中，能夠提升酸味和整體風味，使得味道具有深度。為了不讓蛋糕變得潮濕，要完全去除水分後再使用。

材料　10×15cm 的活底長方形模具 1 個

醃泡香蕉
香蕉	大條的約 2 條（約 200g）
冷凍百香果泥（解凍）	20g

杏仁海綿蛋糕體
蛋白	50g
砂糖	30g
全蛋	35g
糖粉	25g
杏仁粉	25g
低筋麵粉	22g

卡士達醬
牛奶	130g
砂糖	45g
蛋黃	2 顆
低筋麵粉	10g

低脂鮮奶油
卡士達醬	前面全部
（其中的 15g 是成品用奶油）	
吉利丁粉	3g
（用水 15g 泡發）	
香草精	少量
蘭姆酒	3 ～ 5g
鮮奶油（打發 9 分）	60g

賓治酒（混合材料）
香蕉醃泡汁	20g
君度橙酒	10g

成品用奶油
卡士達醬	前面 15g
無鹽奶油	10g

裝飾
鏡面果膠（非加熱型，參考 93 頁）	適量
可可粉	適量
香蕉	適量

事前準備

用影印紙做出底面積為 19×24cm 的
盒子，四個角落用釘書機固定，高為
2～3cm。

作法

1

製作醃泡香蕉。將香蕉
切成厚 1cm 的片狀，
和百香果泥混合，覆蓋
保鮮膜，放置 1 小時。

2

參考 36 頁，製作杏仁海綿蛋糕。將麵糊延展在
事前準備的盒子中，用 190 度的烤箱烤 13 分鐘。
覆蓋烘焙紙冷卻，以防乾燥，冷卻後拿開烘焙
紙，配合模具的大小，切成兩塊。

3

參考 64 頁，製作卡士達醬。煮好後，馬上將成
品要用的 15g 奶油另外取出，在剩下的卡士達醬
中加入泡發的吉利丁，利用餘熱溶解攪拌。將碗
放入冰水中，緩慢地一邊攪拌一邊冷卻。

4

冷卻後依序加入香草精
和蘭姆酒。

5

將鮮奶油打發至 9 分，
判斷標準為奶油變得十
分堅挺，有角度，隱約
出現沉積物。

Point

透過仔細打發，口感
會變得蓬鬆。

6

將 5 加到 4 中，用橡膠
刮刀均勻攪拌，完成低
脂鮮奶油。

7

將海綿蛋糕體有焦色那
面朝上，鋪進模具中，
將醃泡香蕉用濾篩充分
濾乾，醃泡汁和君度橙
酒混合，做成賓治酒，
用毛刷刷在蛋糕體上。

8

將香蕉片並排貼在模型
內側。

9 　將低脂鮮奶油裝進 1cm
圓形花嘴的擠花袋中，
朝著香蕉片輕壓，擠出
一圈。

10 　用奶油覆蓋香蕉，注意
離模具邊緣 1cm 高的
地方不要沾到奶油。

11 　底部也用奶油覆蓋，再
放滿香蕉。

12

在離模具邊緣 1cm 高的地方擠滿奶油，並輕輕
抹平。

Point

模具邊緣沾到奶油的
地方，用衛生紙擦拭
乾淨。

13 　將另一塊海綿蛋糕體的
烤焙面，輕輕塗上賓治
酒，將此面朝下放入模
具中。用砧板或烤盤等
平面物體從上方將表面
壓平，再輕輕於表面塗
上賓治酒。

14 　製作成品用奶油。將
15g 的卡士達醬和在室
溫中放軟的奶油混合。

15 　用抹刀將薄薄一層奶油
平塗在 13 的表面上，
放進冰箱冷藏定型。

16 　等待表面凝固後，將鏡
面果膠用抹刀均勻地塗
在上面，用濾茶網撒上
薄薄一層可可粉，再用
抹刀來回塗抹，表現出
紋路。

17

參考 92 頁拿掉模具，分成 5 等分。將切成薄片
的香蕉稍微鋪在烤盤（或是即使烘烤也沒關係的
器具）上，用瓦斯噴槍將香蕉適度地烤成焦色。
冷卻後擺到蛋糕上，按照喜好放上蛋糕裝飾插牌
（市售的紙製裝飾品）。

George V

聖米歇爾巧克力蛋糕

口感濕潤的聖米歇爾蛋糕體和具有苦味的巧克力鮮奶油層層相疊。塗在表面的覆盆莓鏡面果膠是以手工果醬當作基底，留有一粒粒的種籽，因為製作時控制了甜度，所以成品的風味不會輸給巧克力的濃稠口感。

提升風味的秘訣
***

用果醬濃縮味道

因為是連同種籽一起熬煮，濃縮味道的果醬能夠突顯覆盆莓的酸味和風味。控制砂糖用量，另一方面增加果膠的用量，製造出濃稠感，再加上鏡面果膠的話，色澤會更美麗。

材料　長約 10cm 的長方形 5 條

聖米歇爾蛋糕體

蛋白	60g
砂糖（蛋白霜用）	30g
無鹽奶油	30g
可可塊	25g
蛋黃	2 顆
砂糖	30g
低筋麵粉	15g
杏仁粉	15g

巧克力鮮奶油

可可含量 65% 的黑巧克力	40g
鮮奶油	40g
鮮奶油（打發 6 分）	60g

賓治酒（混合材料）

奶油覆盆莓（覆盆莓利口酒）	20g
水	15g

覆盆莓果醬（使用一半）

冷凍覆盆莓（整粒）	40g
水	20g
砂糖	10g
果醬用果膠	3g
鏡面果膠（非加熱型，參考 93 頁）	
	30g

裝飾

覆盆莓、食用玫瑰花	各適量
金粉	適量

＊要做量少的覆盆莓果醬很難，所以我們會多做一點，但只用一半的量。

＊果膠一定要使用專門用來作果醬的果膠，可以在烘焙材料行購買。

事前準備

用影印紙做出底面積為 18×26cm 的盒子，四個角落用釘書機固定，高為 2 ～ 3cm。

作法

1

製作聖米歇爾蛋糕體。在蛋白中加入砂糖 30g，用手提打蛋機高速打發至堅挺並出現角度。

2

用微波爐溶解奶油和可可塊，仔細攪拌後調整到 45 度。將蛋黃和砂糖打發，等到顏色變白，質地變得黏稠時，倒入奶油可可，均勻地混合。

3

倒入一半分量的蛋白霜，稍微攪拌，將低筋麵粉和杏仁粉混在一起撒入，用橡膠刮刀攪拌至看不見粉末。

4

倒入剩下的蛋白霜，均勻的混合，但不要破壞氣泡。

Point

蛋白的氣泡碰到油脂很容易消失，所以不要過度攪拌。

5

將麵糊倒入準備好的盒子裡，用紙卡稍微地將表面整平，用 180 度的烤箱烤 13 ～ 14 分鐘，冷卻時蓋上烘焙紙以防乾燥。

6

冷卻後取下烘焙紙，以十字切開蛋糕體，其中需有 2 塊為 13×11cm 大小的長方形，剩下的 2 塊則是合起來為 13×11cm。

7

製作巧克力鮮奶油。將巧克力片和鮮奶油 40g 放進微波爐中，當鮮奶油開始冒泡時取出，仔細混合，做成甘納許，放置冷卻。

8

將打發 6 分的鮮奶油 60g 分 2 次加入，稍微攪拌，不要過度攪拌，不然表面會變得粗糙。

9

將賓治酒塗抹在烤焙的那面。之後背面也要塗，不要一口氣用完。

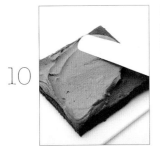

將 50g 的巧克力鮮奶油，用抹刀平整地塗在第一塊蛋糕體上。

將兩塊合起來的蛋糕體翻過來，覆蓋在第一塊上面，塗上賓治酒，並輕壓讓蛋糕體平整。疊上去的每一層都要注意水平線，不要讓蛋糕體歪斜。

同樣塗抹上巧克力鮮奶油，再疊上第 3 塊蛋糕體，再平整地於表面塗上剩下的巧克力鮮奶油。放入冰箱定型，也可以放到冷凍庫保存（參考 92 頁）。

製作覆盆莓果醬。將解凍的覆盆莓與水倒入小鍋中，加入砂糖和果膠混合，轉中火，一邊攪拌一邊煮。

當果醬變得黏稠時，關火，倒入碗中，冷卻後加入鏡面果膠混合。

在 12 的表面塗上覆盆莓果醬。

將四周切齊，切成 5 等分。在表面裝飾覆盆莓和食用玫瑰花。在醬料繪製筆的尖端沾上少許的金粉，輕敲筆桿，撒上金粉裝飾。

Arrange
***

用果醬裝飾烘焙點心

加入鏡面果膠前的果醬，味道濃郁，口感又好，非常適合烘焙點心。無論是將果醬挾在法式沙布蕾中，還是放在點心上面烤，都十分美味。照片是將費南雪的麵糊倒入模型中，再擠上波浪狀的果醬，然後烤焙出爐的樣子。

Alma 巴伐利亞水果蛋糕

28

Alma

巴伐利亞水果蛋糕

用手指蛋糕體圍住櫻桃白蘭地口味的巴伐利亞奶油，蓋上蛋糕蓋，正中央用多彩的水果裝飾，就變成美麗的帽子形狀蛋糕。為了讓放在中間的蘋果和巴伐利亞奶油的口感搭配得宜，我們先用覆盆莓果泥熬煮蘋果，做成糖煮蘋果。覆盆莓的酸味能夠突顯味道溫和的巴伐利亞奶油。

提升風味的秘訣 ＊＊＊

將蘋果做成柔軟的糖煮蘋果

因為蘋果本身較硬，和巴伐利亞奶油的口感不搭，所以我們將它煮軟。品種以紅玉蘋果最適合，因為具有強烈酸味，做成糖煮蘋果後的口感也最適合巴伐利亞奶油。如果是使用其他品種的話，須多加點檸檬汁，讓酸味變得明顯。

材料　直徑 15cm 的圓柱形模具 1 個

蘋果覆盆莓糖煮水果

蘋果	¾ ～ 1 小顆（約 150g）
砂糖	22g（蘋果的 15%）
冷凍覆盆莓果泥（解凍）	30g（蘋果的 20%）
檸檬汁	22g（蘋果的 15%）
水	適量

手指蛋糕體

蛋白	2 顆
砂糖	60g
蛋黃	2 顆
低筋麵粉	60g
糖粉	適量

白蘭地巴伐利亞奶油

蛋黃	2 顆
砂糖	37g
牛奶	120g
吉利丁粉（用水 30g 泡發）	6g
櫻桃白蘭地	10g
鮮奶油（打發 8 分）	120g

裝飾

防潮糖粉	適量
喜歡的水果 （蘋果、葡萄、草莓、覆盆莓、 藍莓、奇異果、紅醋栗等）	適量
細菜香芹	適量

＊防潮糖粉是裝飾用的糖粉

作法

1 製作蘋果覆盆莓糖煮水果。將蘋果切成 6 ～ 7mm 厚的銀杏狀，加入砂糖、覆盆莓果泥、檸檬汁和一大碗水，用中火熬煮。

2 當水分蒸發，水果萎縮後，放置浸泡一個晚上。也可以密封保存在冷凍庫。

3 參考 36 頁，製作手指蛋糕。使用聖多諾黑花嘴（口徑 2.5cm）擠出 5 ～ 6cm 長的麵糊，每條稍微重疊，擠成一圈圓形，這是要當作蓋子的蛋糕。中間大概留直徑 5 ～ 6cm 的空白。

4 剩下的麵糊用口徑 1cm 的圓形花嘴，擠出側面用長方形蛋糕體 11×24cm，還有底部用蛋糕體，直徑 13cm 的圓形。

5 用濾茶網將糖粉撒在蓋子用和側面用的蛋糕體上。三片蛋糕都以 180 度烤焙 11 ～ 12 分鐘。

6 將側面用蛋糕體切成 2 條 5cm 寬的條狀，調整長度，貼入模具放進去，再鋪進底部用的蛋糕體。

7 製作白蘭地巴伐利亞奶油。用打蛋器攪拌散開的蛋黃和一半分量的砂糖，將剩下的砂糖加到牛奶中煮滾，再將一半分量的牛奶倒入有蛋黃的碗中，混合攪拌後，再倒回牛奶鍋中。

8 使用橡膠刮刀，開紋火，緩慢地一邊攪拌一邊加熱，直到呈現黏稠狀時，將鍋子拿起。

9 加入泡發的吉利丁，利用餘熱使之溶解。倒入碗中，放在冰水裡混合攪拌，冷卻後加入櫻桃白蘭地。

10

稍微出現勾芡後，加入打發 8 分的鮮奶油，均勻地混合。

13

拿掉模具，將剩下的白蘭地巴伐利亞奶油塗在表面上。用綠茶網，將防潮糖粉輕撒在作為蓋子的蛋糕體上，然後輕輕地放上去並輕壓。

11

將一半分量的白蘭地巴伐利亞奶油平滑地倒入 6 的模具中，再平整地鋪上蘋果覆盆莓糖煮水果。

14

以水果、細菜香芹裝飾正中間。將蘋果切成薄片，鋪成扇形，蛋糕會看起來很漂亮。

12

將剩下的白蘭地巴伐利亞奶油倒上去，但要留下一點，之後用在成品上。放進冰箱定型，也可以放到冷凍庫保存（參考 92 頁）。

糖煮蘋果的紅色很顯眼，切面也很鮮豔。

Mirtes

瑪格麗特蛋糕

這個蛋糕的基底十分豪華,使用了大量杏仁粉,配上清爽的橘子香。事先將挾在中間的杏桃乾浸泡在橘子風味的利口酒中,讓果乾和蛋糕口感統一。烤焙完成後放置 1 ～ 2 天,才是最佳食用時機。

提升風味 的秘訣 * * *

將杏桃乾煮過後再醃泡

因為杏桃乾和濕潤的蛋糕口感不搭,所以先煮過一次,再進行醃泡。比起土耳其產、具溫和酸味的杏桃乾,比較推薦美國產或信州產的杏桃乾,因為酸味較強,能讓味道有層次。

材料　直徑 17cm 的瑪格麗特蛋糕模具 1 個

醃泡杏桃乾

杏桃乾	約 70g
水	適量
君度橙酒	10g
無鹽奶油(模具用)	適量
杏仁片(模具用)	適量

橘子風味的杏仁蛋糕體

無鹽奶油	80g
砂糖	60g
蛋黃	2 顆
杏仁粉	50g
蜂蜜	10g
刨碎的橘子皮	¼ 顆
蛋白	60g
砂糖(蛋白霜用)	25g
低筋麵粉	55g
烘焙粉	2g

裝飾

防潮糖粉	適量
杏桃乾	適量
蜜漬橘片	適量
綠葡萄乾	適量

＊防潮糖粉是裝飾用的糖粉

作法

1　將杏桃乾放入耐熱器皿中，加入適量的水。覆蓋上保鮮膜，放進微波爐，水沸騰後等待約10秒，取出器皿。

6　打發蛋白，中途分2次加入砂糖，打成堅挺的蛋白霜。

2　畫圓般倒入君度橙酒，覆蓋上保鮮膜，在常溫中放置半天以上。

7　將一半分量的蛋白霜倒入5，稍微的攪拌，將低筋麵粉和烘焙粉一起撒入，用橡膠刮刀由下往上仔細混合。

3　準備模具。將變軟的奶油塗在模具內側厚厚一層，貼上杏仁片，放進冰箱冷藏定型。

8　等到看不見粉末時，加入剩下的蛋白霜，均勻地混合，完成蛋糕體的麵糊。

4　製作杏仁蛋糕體。將變軟的奶油用手提打蛋機打成鮮奶油狀，依序加入砂糖、蛋黃、杏仁粉和蜂蜜。每次加入材料時都要仔細攪拌。

9　將一半分量的麵糊倒入3的模具中，稍微整平。用衛生紙輕輕擦拭2醃泡杏桃乾的水分，鋪在麵糊上。

> **Point**
> 因為烤焙時麵糊會膨脹，杏桃乾會往旁邊溢出，所以擺杏桃乾時不要貼緊模具，要稍微放在內側一點。

5　將橘子的黃色外皮部分刨碎加入，攪拌直到泛白為止。

10

將剩下的麵糊倒入，稍微整平。將模具邊緣抹乾淨，並讓中心部分稍微凹陷。

12

冷卻後，用濾茶網將蛋糕外側撒上防潮糖粉，以杏桃乾、蜜漬橘片和綠葡萄乾裝飾。放入密封容器中，置於陰涼處或冰箱1天左右，熟成後更加美味。

11

用 180 度 的 烤 箱 烤 35～40分鐘。將模具傾斜，敲打模具的側面一圈，當蛋糕鬆脫後，就可以倒放模具，取出蛋糕。也可以放到冷凍庫保存（參考92頁）。

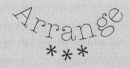

Arrange
＊＊＊

加到小型的烤焙點心中

醃泡的杏桃乾也可以加在磅蛋糕或小型的烤焙點心中，像是瑪德蓮蛋糕。醃泡的食物只能冷藏保存2～3天，所以要保存更久的話請放到冷凍庫中。

基礎部分的作法 Part 1

這裡介紹的是基礎配方。不同的甜點的配方和分量都會不同,所以
請按照各個食譜準備材料、整型和烤焙。

✻ 手指蛋糕

將蛋黃和蛋白分別打發所做出來的手指蛋糕,孔隙大,吃起來口感蓬鬆,當要在烤盤上將麵糊鋪成一片時,可用擠花袋整型。

材料

蛋白	1 顆
砂糖	30g
蛋黃	1 顆
低筋麵粉	30g

當要擠出麵糊時,將擠花袋微微傾斜,能擠出相同的寬度。如果將花嘴壓在烘焙紙上,或是直立擠花袋的話,就會很難擠出相同的寬度。

作法

1　將蛋白放進碗中,用手提打蛋機快速打發,當出現粗泡,提起攪拌器蛋白會黏著時,分 2 次加入砂糖,然後打發至堅挺,變表面光澤的蛋白霜。

2　加入蛋黃,取下一支攪拌器的攪拌棒,輕輕地攪拌。不必完全拌勻。

3　撒入低筋麵粉。將麵粉放入篩網中,並用橡膠刮刀壓住,麵粉就不會撒出來了。

4　旋轉調理碗,用橡膠刮刀從下往上攪拌,直到看不見麵粉為止,即使蛋白霜稍有殘留也沒關係,不要攪拌過頭。

5　參考各個食譜進行整型及烤焙,完成後從烤盤上拿下來,蓋上烘焙紙靜置冷卻,以防乾燥。

✻ 杏仁海綿蛋糕

加有大量杏仁粉的麵糊,口感濕潤,散發出堅果的香氣,基本上會以片狀進行烤焙。

材料

蛋白	50g
砂糖	30g
全蛋	35g
糖粉	25g
杏仁粉	25g
低筋麵粉	22g

延展麵糊時,使用抹刀一口氣將麵糊延展開來,之後傾倒抹刀,將麵糊抹平,讓厚度均一。

作法

1　在蛋白中加入砂糖,用手提打蛋機快速打發,直到變成高密度、堅挺的蛋白霜為止。

2　在別的碗中混合加入全蛋、糖粉和杏仁粉,用手提打蛋機攪拌至黏稠狀並泛白為止。

3　倒入一半分量的蛋白霜至 2,用橡膠刮刀稍微混合,撒入低筋麵粉,從下往上大力攪拌直到看不見粉末。

4　倒入剩下的蛋白霜,均勻混合,但不要攪拌過頭破壞蛋白霜的氣泡。

5　將麵糊放到烘焙紙上(影印紙會很難撕下來,所以不要用),用 L 型抹刀將麵糊延展成各食譜指定的大小,厚度要均等,配合食譜烤焙,烤完後馬上從烤盤上拿下來,覆蓋烘焙紙以防乾燥。

✻ 鏡面巧克力

這是做甜點時的表面塗料,像漆一樣散發著黑色的光澤。吉利丁遇冷就會凝固,所以可以使用在慕斯等要冰的甜點上面。

材料

牛奶	45g
砂糖	25g
可可	10g
吉利丁粉	1g
(用水 5g 泡發)	

注意步驟 2 如果煮過頭,冷卻凝固時會變得很難使用。

作法

1　在小鍋中加入牛奶、砂糖和可可,轉中火,用打蛋器混合,溶解可可。再用耐熱的橡膠刮刀,一邊攪拌一邊煮,不要讓鍋子燒焦。

2　沸騰煮滾後,等水分稍微蒸發,將鍋子拿開。注意不要煮過頭。

3　當不再滾燙冒泡時,加入泡發的吉利丁,使之溶解。

4　用濾茶網過濾,去除粉塊。表面覆蓋保鮮膜,要用時冷卻,直到出現適度的勾芡狀即可使用。可以冷藏或冷凍保存,要用時再以微波爐加熱,溶解成液體狀,冷卻後再調整濃度。

增加
焦糖 & 咖啡風味
的技巧

使用了焦糖、咖啡或紅茶的甜點,能夠讓人享
受到香氣和苦味結合的深層大人味。要做出這
種味道,材料的組合和味道的平衡是十分重要
的,像是改變焦糖的焦度、調整咖啡或紅茶的
濃度,讓我們在不同的組合中調整,展現出大
人的味道吧。

* * * 焦糖醬的重點是「焦度的調整」 * * *

　　我們會感覺焦糖口味的慕斯或鮮奶油，要有點苦味比較好吃，但是作為基底的焦糖醬，若只有一點焦度的話，一旦和鮮奶油或巧克力混合，就會變得沒有味道，感受不到焦糖的風味。製作慕斯或鮮奶油用的焦糖醬時，為了要確實散發苦味，請煮到會覺得「是否有些煮過頭了？」的程度。

　　至於用來煎水果、或是使用在布丁上的焦糖醬，焦糖的味道是直接發散出來的，所以請調整至單吃就很美味的焦度。

* * * 焦糖化堅果 * * *

　　熬煮糖漿，再和堅果一起炒，就能做出具有酥脆口感的焦糖堅果，比單純的烤堅果更具香味，也能作為整體口感的重點。美味的要訣不是用大火將表面烤焦，而是用中火讓堅果內部也烤熟。

* * * 用焦糖煎蘋果 * * *

　　口感脆硬的蘋果在煎過後會變得柔軟，較容易和甜點搭配。此時若以焦糖醬煎蘋果的話，香氣會更濃郁，美味度也會提升。焦糖不要煮太焦，而是要呈琥珀色，散發恰到好處的苦味。

＊ 用咖啡豆突顯香氣 *＊*

　　咖啡風味的慕斯或巴伐利亞奶油，都是混合鮮奶油做成的，所以使用一般的咖啡濃度的話，味道會變得很淡，我們要萃取出比一般泡的咖啡更強烈的味道。我推薦烘焙味重、研磨過的義式濃縮咖啡豆。將咖啡豆和牛奶等液體一起煮滾，蓋上鍋蓋，熬煮一段時間，等待味道散發出來，然後使用這個液體當作慕斯或鮮奶油的基底。

　　使用咖啡豆的話，會有濃郁的咖啡香，但是色澤及苦味會不足，所以想要讓味道更鮮明的話，可以和即溶咖啡一起使用。

＊ 利用紅茶的茶葉萃取風味 *＊*

　　紅茶的香味十分纖細，要使用這個食材突顯味道十分困難。盡可能地使用香氣強烈鮮明的茶葉，像是具有柑橘香味的伯爵茶。不推薦大吉嶺等具有纖細香味的茶葉。

　　想要增添慕斯或甘納許的風味時，就將茶葉和牛奶或鮮奶油一起煮沸，萃取出味道，然後以這個液體當作基底製作蛋糕。如果一開始就加入牛奶或鮮奶油，會因為乳脂肪的作用，使得茶葉難以散開，香味出不來，所以要先將水和茶葉煮沸，等到茶葉充分散開後再倒入牛奶，熬煮一段時間，萃取精華。茶葉越多，熬煮的時間就越久，可以煮到稍微感覺苦澀為止。

一定要先用水煮沸，等到茶葉散開後才加入牛奶或鮮奶油。

若一開始就加入牛奶，味道會出不來！

　　此外，紅茶的味道很容易輸給黑巧克力或酸味強的水果，因此在組合食材上需下功夫，最好配合味道溫和的食材。

Fabio

法比歐蛋糕

使用將蛋黃和糖漿打發的「蛋黃醬」，口感軟綿的焦糖慕斯，包裹著香蕉，再以鏡面巧克力裝飾。焦糖、香蕉、巧克力的黃金組合，無論什麼年紀都喜愛的美味。

提升風味的秘訣 ＊＊＊

焦糖的焦度要夠

慕斯用的焦糖醬，和蛋黃醬、鮮奶油混合後，味道會變得稀薄。煮的時候，要煮到輕嘗焦糖醬會感覺非常苦的程度，這樣做慕斯時，就會變成剛好的苦味。

材料　直徑 6cm、高 3.5cm 的圓柱形模具 4 個

無麵粉巧克力蛋糕體	
蛋白	1 顆
砂糖	30g
蛋黃	1 顆
可可粉	13g
焦糖醬	
砂糖	45g
水	20g
鮮奶油	40g
吉利丁粉	3g
（用水 15g 泡發）	
砂糖（蛋黃醬用）	10g
水（蛋黃醬用）	8g
蛋黃（蛋黃醬用）	1 顆
鮮奶油（打發 8 分）	100g

香蕉	½ 條
裝飾用甘納許	
白巧克力	15g
鮮奶油	12g
鏡面巧克力	
牛奶	90g
砂糖	50g
可可	20g
吉利丁粉	2g
（用水 10g 泡發）	
巧克力裝飾片（參考 94 頁）	適量
金箔	適量

作法

1

參考 36 頁製作手指蛋糕體的方法，烤焙無麵粉巧克力蛋糕體。一開始將砂糖加入蛋白中打發，以可可粉取代低筋麵粉撒入，混合攪拌。在烘焙紙上延展成 22×18cm 的長方形，以 200 度的烤箱烤焙 8～9 分鐘。從烤盤上取下，覆蓋烘焙紙以防乾燥。

2

以直徑 5cm 的中空圈模，切出 4 片蛋糕體。

3

製作焦糖慕斯用的焦糖醬。在小鍋中加入砂糖和水，轉中火熬煮。當顏色變成深茶色時熄火，冷卻至 60 度時加入溫熱的鮮奶油。

4

不再滾燙冒泡後，加入泡發的吉利丁溶解，倒入碗中，常溫冷卻。

5

製作蛋黃醬。將砂糖和水放進微波爐加熱至沸騰。將蛋黃倒入碗中，一邊攪拌一邊緩慢倒入糖漿。

6

將碗隔水加熱，當稍微出現勾茨時將碗拿開。

7

立即用手提打蛋機快速地打發，確實打發至顏色泛白，會黏在打蛋器上為止。

8

完成焦糖慕斯。將焦糖醬倒入蛋黃醬中，用打蛋器稍微混合。

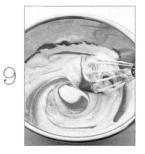

9

加入已經打發 8 分的鮮奶油，用打蛋器混合攪拌。

10

在烤盤鋪上保鮮膜，將圓柱形模具放上去。在模具中倒入一半分量的焦糖慕斯，用湯匙背面塗抹至模具邊緣，並抹乾淨。

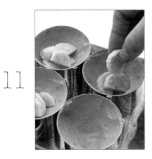

11

將切成 8mm 厚的半月形香蕉放上去，輕輕壓進去。

16

在結凍的狀態下，將 **12** 從模具中取出（參考 92 頁）。在烤盤上放置鐵網，然後將蛋糕分開並排在鐵網上。用抹刀抹平邊緣稜角，能讓鏡面巧克力漂亮地覆蓋上去。

12

倒入剩下的慕斯。將蛋糕體反過來放到模具的正中央，壓到與模具齊高，放進冷凍庫冷卻。這個階段可以放冷凍庫保存（參考 92 頁）。

17

旋轉鏡面巧克力，從正中間一口氣淋下去，並立即用抹刀抹平表面，讓多出來的鏡面巧克力流到側面。

13

製作裝飾用甘納許。將白巧克力與鮮奶油放進微波爐，稍微沸騰後均勻地混合。

18

馬上用 **14** 的甘納許裝飾，在表面一半的空間中畫出線條。

14

冷卻後裝入用塑膠袋做成的擠花袋中，在尖端剪個小口。

Point
如果不冷卻讓甘納許變得黏稠的話，擠在鏡面巧克力上時很快就會下沉不見。

19

將竹籤橫拿，輕碰表面劃出三道橫線。兩端的線從內側往外劃，中間的線則從外側往內劃，就能劃出箭羽的花紋。再以羽狀的巧克力片、金箔裝飾。

Point
重點為在鏡面巧克力凝固前，快速地以竹籤劃出花紋。力道不要重，而是用尖端在表面上輕劃。

15

參考 36 頁，製作鏡面巧克力。將碗放進冰水中冷卻，直到巧克力變得黏稠。

_43

Jébique 果仁巧克力蛋糕

Jébique

果仁巧克力蛋糕

將果仁和黑巧克力鮮奶油疊在一起，無論哪層都是以卡士達醬為基底，和一般慕斯不同，
擁有香醇滑順的口感。加入酥脆芳香的焦糖堅果，是口感的重點。將每層蛋糕體平整地堆
疊上去，造就美觀的外表。

讓堅果焦糖化

酥脆口感和香氣是這個甜點的重點，所以在製作焦糖堅
果時，要用中火炒到變成深棕色，確保堅果內部熟透。

材料　15×10cm 的活底長方形模具 1 個

巧克力杏仁海綿蛋糕體

蛋白	50g
砂糖	30g
全蛋	35g
糖粉	25g
杏仁粉	25g
低筋麵粉	20g
可可	6g

焦糖堅果

榛果、胡桃、杏仁等	共 30g
砂糖	20g
水	10g

卡士達醬

牛奶	125g
砂糖	30g
蛋黃	1 顆
低筋麵粉	8g

巧克力鮮奶油

卡士達醬	前面取 50g
可可含量 65% 的黑巧克力（切碎）	20g
無鹽奶油	10g

果仁鮮奶油

卡士達醬	前面取 85g
可可含量 65% 的黑巧克力（切碎）	8g
杏仁醬	20g
吉利丁粉（用水 20g 泡發）	4g
鮮奶油（打發 8 分）	85g

賓治酒（混合材料）

柑曼怡	10g
水	20g

裝飾

鏡面果膠（非加熱型，參考 93 頁）	適量
即溶咖啡	適量
焦糖堅果	前面取適量
開心果	適量

作法

1　參考 36 頁，製作巧克力杏仁海綿蛋糕體。此處將可可粉和低筋麵粉一起撒入，在烘焙紙上延展成 26×22cm 的長方形，以 190 度的烤箱烤焙 8 ～ 9 分鐘。

2　覆蓋烘焙紙以防乾燥。冷卻後取下烘焙紙，配合模具的尺寸切成 2 片。

3　製作焦糖堅果。將堅果粗略切成塊狀，在小鍋中加入砂糖和水，沸騰後熬煮至黏糊狀，熄火，加入堅果。

4　用橡膠刮刀仔細混合，讓糖漿均勻沾染在堅果上。持續攪拌至出現白色結晶，並沙沙地散開。

5　再度轉中火，一邊混合一邊加熱，煮到顏色變深，出現香味為止。當砂糖結晶變成焦糖色即是完成。平鋪在烘焙紙上冷卻。

6　留下 ¼ 作為裝飾用，其他的切成碎末。

7　參考 64 頁，製作卡士達醬。

8　趁卡士達醬還是熱的時候，取製作巧克力鮮奶油要用的 50g 到碗中，再加入巧克力 20g，利用餘熱融化巧克力，覆蓋保鮮膜冷卻。

9　製作果仁鮮奶油。趁熱取出 85g 的卡士達醬，加入巧克力 8g 溶解，再混入杏仁醬、已泡發並用微波爐溶解的吉利丁，覆蓋保鮮膜冷卻。

Point

藉由加入一點黑巧克力，強調味道。

10

冷卻後，加入打發 8 分的鮮奶油混合，再加入一半分量的焦糖堅果碎末，混合攪拌。

15

平滑地倒入 **12**。在海綿蛋糕體的烤焙面塗上賓治酒，翻過來放上去。冰到冰箱定型，也可以放冷凍保存（參考 92 頁）。

11

在模具上覆蓋保鮮膜，用橡皮筋固定住，將有保鮮膜的那面當底，放在托盤上。將果仁鮮奶油倒入模具中，不要有孔隙，並將表面整平。

16

將模具倒過來，撕掉保鮮膜，用抹刀塗上鏡面果膠。在各處撒上濃郁的即溶咖啡粉，用抹刀尖端稍微抹開。

12

在 1 片海綿蛋糕體的烤焙面塗上賓治酒，翻過來放在模具上，表面也塗上賓治酒，冰到冰箱。

17

參考 92 頁，將蛋糕分成 5 等分，撒上裝飾用的焦糖堅果和切碎的開心果。

13

攪拌 8 使之變得柔軟，加入融化成髮蠟狀的奶油後，再攪拌至泛白為止。

14

加入剩下的焦糖堅果碎末，混合攪拌。

Dee·D

焦糖歐培拉

Dee·D

焦糖歐培拉

經典蛋糕「歐培拉」為堆疊多層的奶油霜和甘納許，原本是咖啡的苦味，但這裡改成焦糖風味的奶油霜配上牛奶巧克力甘納許，這種配方味道溫和且具有香氣。為了不要讓蛋糕太甜，焦糖醬要煮出焦度，恰到好處的苦味是成功的重點。

**提升風味
的秘訣
＊ ＊ ＊**

確實地煮出焦糖醬的焦度

焦糖醬的焦度不足的話，就會變成死甜的鮮奶油，和甘納許的味道混在一起。將焦糖醬煮出焦度，並且以最大量混入奶油中，能讓蛋糕散發苦味，也能讓味道溫和的甘納許產生層次。

材料　長約 11cm 的長方形 5 條

咖啡杏仁海綿蛋糕體

蛋白	50g
砂糖	30g
全蛋	35g
糖粉	25g
杏仁粉	25g
低筋麵粉	22g
即溶咖啡（粉）	2g

賓治酒（混合材料）

水	30g
蘭姆酒	15g

甘納許

可可含量 44% 的牛奶巧克力（切碎）	
	50g
鮮奶油	28g

焦糖醬

砂糖	40g
水	15g
鮮奶油	45g

焦糖奶油霜

焦糖醬	前面取 50g
無鹽奶油	50g

鏡面焦糖

可可含量 44% 的牛奶巧克力（切碎）	
	20g
鮮奶油	10g
焦糖醬	前面取約 20g

裝飾

金箔	適量

作法

1

參考 36 頁，製作咖啡杏仁海綿蛋糕體。此處將即溶咖啡粉和低筋麵粉一起撒入，放到烘焙紙上，用抹刀延展成 26×21cm 的長方形，以 200 度的烤箱烤焙 8～9 分鐘。覆蓋烘焙紙冷卻，以防乾燥。

2

取下烘焙紙，以十字切開蛋糕體，其中需有 2 塊為 13×14cm 大小的長方形，剩下的 2 塊則是合起來為 13×14cm。用毛刷在烤焙面塗上賓治酒，之後背面也要塗，所以不要一次用完。

3

製作甘納許。將牛奶巧克力和鮮奶油放進微波爐，等鮮奶油沸騰後取出，均勻混合，製作滑順的甘納許。

4

剛做好時比較稀薄，所以先放進冰箱冷藏，偶爾用橡膠抹刀稍微攪拌一下，觀察樣子，確認是否已經變成柔軟易塗的糊狀。

5

製作焦糖醬。在鍋子中放入砂糖和水，轉中火，煮到變成濃稠的焦糖色，放涼至 60 度，分 2 回加入溫熱的鮮奶油，請注意不要被蒸氣燙傷。

6

倒入碗中，在常溫中冷卻。如果焦糖醬是溫的話，之後放入奶油融化時，會無法產生空氣。

7

製作焦糖奶油霜。將奶油置於常溫中，等到奶油變得柔軟後，將焦糖醬 50g 分 4 次加入，每次都用手提打蛋機仔細攪拌。

8

攪拌奶油霜直到質地泛白並且含有空氣。因為是只用奶油和焦糖醬做成的奶油霜，所以盡量讓裡面飽含空氣。

Point
需注意如果攪拌過度或使用打蛋器的話，會讓巧克力和鮮奶油分離。

9 組合蛋糕體。在 1 片蛋糕體上，用抹刀塗上一半分量的焦糖奶油霜，確實地塗到蛋糕體四周，塗出來也沒關係，均勻地抹平奶油霜。

10 將 2 塊合起來的蛋糕體翻面，放置於上，輕壓使之密合。塗上一半分量的賓治酒。

11 平整地塗上甘納許，如果重複塗太多次甘納許會分離，所以重點是速度要快。

12 將第 3 片蛋糕體翻面，放置於上，塗上剩下的賓治酒。再平整地塗上剩下的焦糖奶油霜，冰到冰箱冷藏 1～2 天，並放置於密封容器中以防乾燥，會更加美味。也可以冷凍保存（參考 92 頁）。

13 製作鏡面焦糖。將牛奶巧克力和鮮奶油放進微波爐，等鮮奶油沸騰後取出，均勻混合，製作滑順的甘納許。加入剩下的焦糖醬（約 20g），混合攪拌，調整至微溫（約 35 度）。

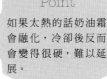

Point
如果太熱的話奶油霜會融化，冷卻後反而會變得很硬，難以延展。

14 從蛋糕的正中間一口氣倒下去，馬上用抹刀抹勻，注意不要用抹刀在表面來回移動。

15 在鏡面焦糖凝固前，輕輕地提起托盤敲打

Point
不儘早塗開的話，鏡面焦糖會凝固，並留下塗抹的痕跡。

16 冰在冰箱 30 分鐘定型。參考 92 頁將四邊切齊，分成 5 等分，以金箔和自己喜愛的蛋糕插牌裝飾（市售的紙製裝飾品）。

Tarte d'Amian Pomme Caramelise

焦糖蘋果亞眠塔

Tarte d'Amian
Pomme Caramelisé

焦糖蘋果亞眠塔

將杏仁蛋液倒入塔皮中烤培而成的「亞眠塔」，是法國北部都市亞眠的傳統甜點，我還在這道食譜中加入了充滿香氣的焦糖蘋果。酥脆的塔皮、濕潤的蛋液及多汁的蘋果，形成口感上的對比。

提升風味的秘訣 * * *

用焦糖煎蘋果

要突顯蘋果的風味，重點是利用焦糖醬煎蘋果，薄薄的一層可以鎖住恰到好處的香味。為了不要沾濕塔皮，請確實炒到水分蒸發為止。

材料　直徑 6.5cm、高 2cm 的蛋塔模具 4 個

甜酥塔皮

低筋麵粉	70g
糖粉	25g
無鹽奶油	35g
蛋黃	1 小顆
香草精	2～3 滴

焦糖蘋果（只使用48g）

蘋果（盡可能使用紅玉蘋果）	½ 小顆
砂糖	15g
水	10g

蛋液

全蛋	30g
砂糖	30g
杏仁粉	30g
無鹽奶油	30g
（用微波爐融化）	
糖粉	適量
防潮糖粉	適量

＊防潮糖粉是裝飾用的糖粉

＊如果要做成法式蛋糕（直徑16cm、高3cm的塔模1個），使用80g的焦糖蘋果，準備雙倍分量的蛋液。作法相同，用170度的烤箱烤焙約50分鐘。

作法

1 製作甜酥塔皮。在食物調理機中加入低筋麵粉、糖粉和冰的奶油，打至粉末狀。

5 將麵團覆蓋在模具上，沿著模具整型，稍微壓出點皺褶。用手指壓實底部和側面，麵團厚度要均等，若麵團太薄，烤焙時容易烤壞。

2 倒入蛋黃和香草精，再度轉開食物調理機。不斷重複按開和關，讓調理機緩慢攪拌。一開始雖然是粉末狀，但後來慢慢會變成鬆狀。

6 沿著模具邊緣，用刀子水平切除多出來的麵團，並用叉子在底部插出均勻的孔穴。冰在冰箱1小時。

3 當粉末幾乎不見，變成潮濕的炒蛋狀時即是完成。需注意攪拌過頭的話，口感會變差。放入塑膠袋中整平，然後放進冰箱1小時以上。

7 鋪上鋁箔杯，放入與模具齊高的紅豆或烘焙用重石，用180度的烤箱烤12～13分鐘。

Point
讓麵團休息是為了防止烤焙時縮水。麵團會變得堅固，之後的作業也會變得容易。

8 當邊緣出現焦色時，拿開重石和鋁箔杯，再烤7～8分鐘。照片左邊是拿開重石的時候，右邊是烤焙完成。

4 將麵團分成4等分，一邊撒麵粉（材料外），一邊用擀麵棍延展成3mm厚。

9 製作焦糖蘋果。將蘋果削皮，切成7～8mm厚的銀杏狀。在鍋中加入砂糖和水，轉中火，當煮成恰到好處的黃褐色時，加入蘋果。

10

用中火煎,當蘋果縮水軟化、水分蒸發後關火。將蘋果放到烤盤等器皿上冷卻,也能放到冷凍庫保存。

11

製作蛋液。將全蛋、砂糖和杏仁粉放到碗中,用手提打蛋機攪拌至泛白,當裡面含有大量空氣時,就能烤焙出蓬鬆的蛋糕體。

12

加入融化的奶油,用橡膠刮刀將全體混合,均勻攪拌即可完成。

13

在每個烤好的塔皮中,於底部鋪上 12g 的焦糖蘋果,倒入蛋液,低於模具邊緣一些沒關係,因烤焙時會膨脹。

14

用濾茶網撒上大量的糖粉,沾上糖粉的塔皮會容易烤焦,用捲好並沾溼的布巾擦拭。

Point
糖粉會融化凝固變成蓋子,表面會變乾爽,也能鎖住中間的水分,讓烤焙的成品濕潤。

15

用 170 度的烤箱烤 25 分鐘。等到不燙手後,將刀子插入模具與塔皮的中間,繞一圈取下蛋塔。拿在手上時,不要剝下表面的糖膜。放涼後用濾茶網撒上防潮糖粉,沾黏到邊緣的就用毛刷將粉刷掉。

Arrange
***

變成法式蘋果派
「蘋果香頌派」

焦糖蘋果作為材料,可以活用於各種甜點中。包在麵包裡烤焙的話,就會變成時髦的蘋果香頌派。將蘋果切成薄片煎的話,就能加在磅蛋糕中。

Ivan

伊凡蛋糕

在義式濃縮咖啡的慕斯中,疊上牛奶巧克力鮮奶油,裡頭包著蘭姆葡萄乾。苦澀中帶有咖啡及蘭姆酒的香氣,是大人的味道。表面覆蓋著色澤明亮的鏡面巧克力,裝飾也很簡單。配合口味,蛋糕的外觀帥氣成熟。

提升風味的秘訣 ***

混用咖啡豆和即溶咖啡

在製作香氣濃郁的義式濃縮咖啡慕斯時,只用咖啡豆煮的話,即使香氣十足,苦味還是會不夠。請混用濃縮咖啡的豆子及即溶咖啡,確實地萃取出香氣和苦味。

材料　直徑 6.5cm、高 3cm 的石頭蛋糕矽膠模具 4 個

無麵粉巧克力蛋糕體

蛋白	1 顆
砂糖	30g
蛋黃	1 顆
可可	13g

義式濃縮咖啡慕斯

牛奶	50g
磨碎的義式濃縮咖啡豆	4g
即溶咖啡粉	3g
蛋黃	1 顆
砂糖	10g
吉利丁粉	2g
（用水 10g 泡發）	
白巧克力（切碎）	35g
鮮奶油（打發 8 分）	60g

巧克力歐蕾鮮奶油

可可含量 44% 的牛奶巧克力	25g
鮮奶油	25g
蘭姆葡萄乾（市售）	15g

鏡面巧克力

牛奶	90g
砂糖	50g
可可	20g
吉利丁粉	2g
（用水 10g 泡發）	

裝飾

巧克力裝飾片（參考 94 頁）	適量
金箔、噴霧金粉	各適量

作法

1

參考 36 頁製作手指蛋糕體的方法，烤焙無麵粉巧克力蛋糕體。一開始將砂糖加入蛋白中打發，以可可粉取代低筋麵粉撒入，混合攪拌。在烘焙紙上延展成 22×18cm 的長方形，以 200 度的烤箱烤焙 8 ~ 9 分鐘。從烤盤上取下，覆蓋烘焙紙以防乾燥，靜置冷卻。

2

以直徑 4.5cm 的中空圈模切出 4 片蛋糕體，及切出 4 片邊長 3cm 的正方形。

3

製作義式濃縮咖啡慕斯。在小鍋中加入牛奶、磨碎的義式濃縮咖啡豆及即溶咖啡粉，煮至沸騰。

4

關火後，以調理碗等用具當作鍋蓋，放置約 20 ~ 30 分鐘，萃取風味。

5

用打蛋器均勻攪拌打散的蛋黃與砂糖，將 4 煮至沸騰後，一邊倒入一半的分量至碗中，一邊均勻攪拌。手持橡膠刮刀，將材料倒回 4。

6

轉紋火，慢慢地一邊攪拌一邊加熱，變成黏稠狀後馬上將鍋子取下。

7

加入泡發的吉利丁，用餘熱使之溶解，倒入已放有白巧克力塊的碗中，仔細的混合攪拌，讓白巧克力溶解。

Point

加入白巧克力，味道會更濃郁。

8

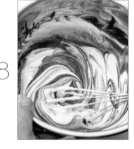

將碗放入冰水中，一邊攪拌一邊放涼，直到產生勾芡狀。加入打發 8 分的鮮奶油，均勻混合。

9

將義式濃縮咖啡慕斯分成 4 等分倒入模具中，用湯匙的背面，將慕斯塗在模具的側面，並利用邊緣抹乾淨。

10

製作巧克力歐蕾鮮奶油。用隔水加熱的方式溶解牛奶巧克力，並調整至與人體相當的溫度。將鮮奶油打發至 7 分，倒入一半分量，將全體均勻混合。

11
加入剩下的鮮奶油，用打蛋器稍微由下往上混合，趁還沒完全混合時，改用橡膠刮刀，將全體攪拌至幾乎完全混合的狀態。

15
將圓形蛋糕體烤焙的那面朝下，置於其上，輕壓使之密合，冰在冷凍庫定型。也可以冷凍保存（參考92頁）。

12
完成圖。在第2次加入鮮奶油後，如果攪拌過頭，材料會乾燥分離，需要注意。

16
從底部往上壓，將冷凍的慕斯蛋糕從模具裡取出。將鐵網放在烤盤上，再將慕斯蛋糕放在鐵網上，再次冰到冷凍庫中。

13
將切成3cm的方形蛋糕體輕輕壓入，將巧克力歐蕾鮮奶油分成4等分倒入。

17
參考36頁，製作鏡面巧克力。冷卻後調整成濃稠狀，一口氣淋在16的慕斯蛋糕上。

14
將蘭姆葡萄乾分成4等分置於其上，輕輕地壓進去。

18
將蛋糕放到托盤或餐盤上，以巧克力插片、金箔或噴霧金粉裝飾。

Arrange
***

變化成圓頂形蛋糕

即使沒有石頭蛋糕矽膠模具，也可以用手邊有的模具製作，像是半圓形的金屬模具或是圓筒狀蛋糕模。

T.C.
伯爵巧克力蛋糕

T.C.

伯爵巧克力蛋糕

以伯爵茶巴伐利亞奶油為主角的小蛋糕。為了突顯優雅的紅茶香，需配合味道不會太強烈的溫和食材。因此這裡使用了具有柔和甜味的牛奶巧克力慕斯，並以味道溫和的洋梨為口感的重點。

**提升風味
的秘訣
* * ***

確實萃取出紅茶的風味

做成巴伐利亞奶油時味道會變得比較淡，所以要先製作出濃厚甚至帶有澀味的奶茶。即使在牛奶中加入伯爵茶的茶葉熬煮，也會因為乳脂肪使得茶葉難以散開，所以要先用水煮滾茶葉，等到茶葉充分散開後再倒入牛奶。加入牛奶後，透過長時間熬煮，萃取出風味。

材料　15×10cm 的活底長方形模具 1 個

巧克力蛋糕體

蛋白	1 顆
砂糖	30g
蛋黃	1 顆
低筋麵粉	26g
可可	4g
牛奶巧克力（紋路用）	適量

伯爵茶巴伐利亞奶油

伯爵茶葉	5g
水	30g
牛奶	70g
蛋黃	1 顆
砂糖	30g
吉利丁粉	4g
（用水 20g 泡發）	
鮮奶油（打發 7 分）	70g

賓治酒（混合材料）

卡爾瓦多斯酒	10g
水	15g

巧克力歐蕾慕斯

可可含量 55% 的甜巧克力	15g
牛奶巧克力	20g
牛奶	25g
吉利丁粉	2g
（用水 10g 泡發）	
鮮奶油（打發 7 分）	45g
洋梨（罐裝，切成 1.5cm 的塊狀）	50g

裝飾

鏡面果膠（非加熱型，參考 93 頁）	
	適量
即溶咖啡粉	適量
洋梨（罐裝，切成薄片）	適量
金粉	適量

＊無論是食材還是裝飾用洋梨，切過後都用廚房紙巾將水分擦乾。

＊製作巧克力紋路時，請使用有凹凸齒槽的刮板梳，可在烘焙材料行購得。

作法

1

參考 36 頁製作手指蛋糕體的方法，烤焙巧克力蛋糕體。將可可粉和低筋麵粉一起撒入，延展成 26×21cm 的長方形，以 190 度的烤箱烤焙 8～9 分鐘。配合模具的大小，切下 2 片長方形。

2

用隔水加熱或微波爐融化牛奶巧克力，塗薄薄的一層在玻璃紙上。用刮板梳在上面劃出橫條紋的模樣。將玻璃紙移到烤盤，冰在冰箱定型。

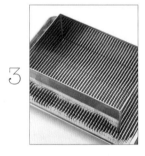

3

將模具擺在 2 的上面，並輕壓固定，連同模具再度冰到冰箱冷藏。

4

製作伯爵茶巴伐利亞奶油。在小鍋加入水和伯爵茶葉，用中火煮沸。

5

加入牛奶，稍微煮滾後關火。

6

用調理碗等當作鍋蓋，蒸 30 分鐘以上，確實地萃取茶葉的精華。

7

過濾 6，將 70g 倒入小鍋中。茶葉會吸收水分，當不足 70g 時，用牛奶補足。

8

參考 30 頁步驟 7～8，製作英式蛋奶醬。只是這裡用 7 的奶茶取代牛奶，當稍微呈勾芡狀時關火，加入泡發的吉利丁溶解。

9

倒入碗中，再放入冰水中一邊攪拌一邊冷卻，但不要攪得太過濃稠，之後會難以倒入模具中。加入打發 7 分的鮮奶油，均勻地混合。

10

一口氣倒入模具中並整平。冰到冰箱中，使表面凝固。透過先凝固一次，切面會變得平整美觀。

11

將 1 片蛋糕體的烤焙面塗上賓治酒，翻過來放在 10 的上面，輕壓使之密合。背面也塗上賓治酒。

12

製作巧克力歐蕾慕斯。將 2 種巧克力和牛奶放進微波爐，仔細混合，讓巧克力完全融化，加入已泡發並用微波爐溶解過的吉利丁，混合攪拌均勻。

13

將碗放進冰水中，一邊攪拌一邊冷卻，呈勾芡狀後，加入打發 7 分的鮮奶油，混合攪拌。

14

平整地倒入 11 的模型中，撒上切好的洋梨，輕壓進去。用橡膠刮刀整平表面，用紙巾擦去沾到模具邊緣的慕斯。

15

在蛋糕體的烤焙面塗上賓治酒，翻過來放上去，輕壓使之密合。冰到冰箱定型。也可以冷凍保存（參考 92 頁）。

16

將模具反過來，按照紋路的方向，一口氣撕掉表面的玻璃紙。如果沒有冰到徹底定型，花紋會沒辦法漂亮地印上去，所以請確實冷藏。

17

在表面均勻地塗上鏡面果膠。用少量的水溶解即溶咖啡粉，塗在各處，用抹刀抹開。參考 92 頁取下模具，切成 5 等分。

18

將切成薄片的洋梨鋪在烤盤等即使烘烤也沒關係的器具上，用瓦斯噴槍將洋梨烤成焦色，冷卻後，用抹刀擺到慕斯蛋糕上。在醬料繪製筆的尖端沾上少許的金粉，輕敲筆桿，撒上金粉裝飾。

基礎部分的作法 Part 2

這裡介紹的是基礎配方。不同的甜點的配方和分量都會不同,所以
請按照各個食譜準備材料、整型和烤焙。

✳ 奶油千層派皮

夾有大量奶油的派皮。這裡介紹的是在麵團中揉進大量奶油,並混入少許麵粉在奶油餡中的類型。特徵是口感纖細酥脆,容易掉碎屑。

材料(成品約450g)

麵團		奶油餡	
高筋麵粉	70g	無鹽奶油	150g
低筋麵粉	70g	高筋麵粉	30g
鹽	3g	低筋麵粉	30g
無鹽奶油(先融化)	45g		
冷水	60g		

作法

1 將高、低筋麵粉放入碗中,再混合鹽、用微波爐融化的奶油和冷水,倒入碗中,利用紙卡像是切開般地混合材料。因為用揉的話麵團會產生彈性,之後就很難延展。等變成顆粒狀,還留有一些麵粉時就是攪拌完成。放入塑膠袋中,從上方壓住袋子,將麵團變成塊狀,放入冰箱冷藏2小時以上。

2 準備奶油餡。將奶油放在室溫中融化至能夠搓揉的硬度,然後將奶油搓揉進高、低筋麵粉中。用包著保鮮膜的擀麵棍延展成約15cm的四方形,冰進冰箱。

3 撒點麵粉(材料外)在**1**的麵團上,延展成25cm的四方形,將奶油餡的四角對準各邊中點放上去。從四個角落將麵團往內摺疊,將奶油餡包起來,並用手指捏緊收口。

4 撒點麵粉(材料外),延展成長60cm,從上下兩邊各摺¼,然後再對摺,變成四層,用擀麵棍輕壓,讓每層麵團貼合。

5 轉90度,同樣延展麵團,摺成4層。在溫暖的房間裡揉麵的話,奶油會容易流出來,所以盡可能地快速完成。如過中途奶油開始融化的話,暫時放進冰箱中,等到麵團較緊實後再作業。

6 放入塑膠袋中冰2小時以上,然後重複步驟**4~5**,再度冰到冰箱冷藏2小時以上。要做甜點的時候,就從這裡取出需要用的分量,延展成指定的大小,在冰箱休息1小時以上後,再整型及烤焙。透過確實冷卻,能降低烤焙時縮水的發生機率。

✳ 卡士達醬

奶油卡士達醬的配方很單純。用小火煮的話會出現黏性,所以重點是用大火一次煮好。

材料

牛奶	125g
砂糖	30g
蛋黃	1 顆
低筋麵粉	8g

作法

1 在小鍋中加入牛奶和一半分量的砂糖,煮滾。在碗中倒入剩下的砂糖和蛋黃,仔細混合,撒進低筋麵粉,攪拌至看不見粉末為止。

2 倒入一半分量的牛奶進碗中,混合攪拌。再倒回鍋中混合。

3 轉大火,用耐熱的橡膠刮刀一邊攪拌一邊煮。當從鍋緣開始沸騰時,就會慢慢出現勾芡,所以為了不要燒焦,要一邊緩慢攪拌一邊煮。

4 過一小段時間後,黏性會不見,奶油醬變得滑順,從中心開始冒泡時就是煮好了。

5 立即將鍋子拿開,倒入碗中。在表面覆蓋保鮮膜,放上保冷劑,並將碗放進冰水中冷卻。

Lesson 3

控制水分增加口感的技巧

包有奶油餡的派或是水果塔，都是能享受到酥鬆口感的甜點，但是鮮奶油或水果的水分會沾濕蛋糕體，糟蹋了這難得的口感。因此在這裡為大家介紹防止水分沾溼其他部分的技巧，花一點小小的功夫，就能吃到美味的甜點。

事前準備的技巧

*** 仔細去除水果的水分 ***

　　將水果放進慕斯蛋糕或巴伐利亞蛋糕中時，如果直接使用剛從糖漿中拿出來的水果，或者將水果切片後馬上放上去，水分就會滲出來，整個蛋糕都會變得濕濕的。使用水果前，務必要用廚房紙巾包著放置一段時間，去除多餘的水分後再放進蛋糕中。

*** 在中間夾入蛋糕體 ***

　　如果把甜酥塔皮直接放在慕斯上面，塔皮會慢慢吸收水分，失去酥鬆的口感。因此我們可以在甜酥塔皮和慕斯之間夾一層薄薄的蛋糕體，利用這個蛋糕體吸收水分，維持甜酥塔皮的口感。不過把2片蛋糕體直接疊在一起的話，切開時很容易就散開，所以在2片蛋糕體間，我們可以塗上薄薄的果醬或水分較少的鮮奶油。

*** 塗上巧克力 ***

　　要把甘納許倒入甜酥塔皮中的時候，融化的巧克力十分好用。在甜酥塔皮上塗上一層薄薄的巧克力，就能利用巧克力的油脂鎖住甘納許的水分。我們要考慮配合的食材，選擇適合的種類。

和製作「法式薄脆片」（參考77頁）一樣，使用口感酥脆的食材時，也可以加入飽含油脂的巧克力或焦糖榛果醬，以維持口感。

* * * 在派皮表面裹上糖衣 * * *

直接用派皮包住鮮奶油的話，派皮會吸收水分，口感會變得很差。因此在烤焙派皮時，我們可以撒上一層糖粉，再用高溫稍微烤一下，讓派皮表面產生一層砂糖的糖衣。糖衣會彈開水分，維持派皮獨有的口感。這種方法叫做「glacé」（法語「裹上糖衣」的意思）。

做法式千層酥時，因為鮮奶油會疊在派皮上，此時將派皮兩面都裹上糖衣的話，就會十分有效。但糖粉很容易燒焦，所以烤焙時需在一旁看顧。

* * * 塗上打好的蛋汁 * * *

做派或塔等裡面會包奶油或水果的甜點時，可以在麵團內側塗上打好的蛋汁再行烤焙，蛋汁形成的膜可以防止濕氣。先在沒塗蛋汁的情況下烤焙一段時間，在快烤好前塗上蛋汁，再重新烤焙就可以製造出薄膜。如果烤焙時間不足的話，味道會半生不熟，所以請烤到出現泛著光澤的焦色為止。

雖然塗巧克力也會有一樣的效果，但是蛋汁更不會影響到味道，推薦使用在非巧克力口味的甜點上。

Sai-La

青蘋果水滴蛋糕

Saii-La

青蘋果水滴蛋糕

顏色清爽、口感酸甜的青蘋果慕斯，配上稍有苦味的葡萄柚慕斯。葡萄柚慕斯中加了蛋白霜，口感蓬鬆輕盈。中間夾有葡萄柚果肉，可以享受到多汁新鮮的味道。

提升風味的秘訣 * * *

去除水果的水分後再包起來

柑橘類水果只要切過後就很容易出水，馬上放進蛋糕中的話，慕斯就會變得水水的。切完後用廚房紙巾包住放置一段時間，待去除表面的水分後再行使用。

材料 直徑 19cm 的活底水滴形模具 1 個
（也可使用直徑 15cm 的活底圓形模具，用相同分量製作）

葡萄柚果肉	淨重 60g

手指蛋糕體

蛋白	1 顆
砂糖	30g
蛋黃	1 顆
低筋麵粉	30g
開心果（切碎）	適量
防潮糖粉	適量

賓治酒（混合材料）

水	15g
卡爾瓦多斯酒	10g

葡萄柚慕斯

葡萄柚汁	40g
葡萄柚刨碎的皮	⅛ 顆
砂糖	8g
吉利丁粉	3g
（用水 15g 泡發）	
蛋白（蛋白霜用）	15g
砂糖（蛋白霜用）	10g
鮮奶油（打發 8 分）	40g

青蘋果慕斯

冷凍青蘋果泥（解凍）	70g
砂糖	25g
檸檬汁	5g
卡爾瓦多斯酒	3g
吉利丁粉	3g
（用水 15g 泡發）	
鮮奶油（打發 8 分）	50g

裝飾

鏡面果膠（非加熱型，參考 93 頁）	
	適量
冷凍青蘋果泥（解凍）	適量
食用色素（綠）	微量
青蘋果、萊姆、藍莓、開心果、細菜香芹	
	各適量

作法

1 將葡萄柚去皮，只取果肉。使用鋸齒狀的刀子較好切，不會破壞果粒，切成寬2cm。

2 將葡萄柚鋪在廚房紙巾上面，包起來輕壓，放置一段時間去除水分。

3 參考36頁，製作手指蛋糕。使用7mm的圓形花嘴，擠出9×25cm的麵糊當作側面，再擠出和模具一樣大小的水滴狀，當作底部和中層蛋糕體。中層蛋糕體要翻過來放進模具裡，所以圖案要相反，並且少擠一圈。在側面用蛋糕體上撒上切碎的開心果，用190度的烤箱烤焙9～10分鐘。

4 沿著側面用蛋糕體的兩側切齊，切成寬4cm的2條蛋糕體。為了不讓蛋糕解體，請使用鋸齒狀的刀子，一點一點地慢慢切開。將防潮糖粉撒在側面蛋糕體上。

5 將2條側面蛋糕體鋪進模具中，切除過長的部分。將底部蛋糕體的形狀切好，放進模具中。用毛刷將整體內側塗上賓治酒。

6 製作葡萄柚慕斯。將葡萄柚汁、刨碎的果皮和砂糖混合，加入已泡發並用微波爐溶解的吉利丁。將碗放入冰水中冷卻，直至呈勾芡狀。

7 打發蛋白和砂糖，製作堅挺的蛋白霜。將打發8分的鮮奶油和蛋白霜稍微混合，因為乳脂肪的緣故，蛋白霜的泡沫容易消失，所以不要完全混合。

8 將7倒入6中，均勻混合，做成蓬鬆的慕斯。

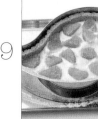

9 平滑地倒入模具中，擺上2的葡萄柚，輕輕地壓進去。

10 將賓治酒塗在中層蛋糕體的烤焙面上,將蛋糕體翻過來放置於上,並輕壓。背面也塗上賓治酒,冰到冰箱冷藏。

14 在鏡面果膠中加入約 2 成的青蘋果泥,再慢慢加入用微量的水溶解的食用色素,調整顏色,在定型的青蘋果慕斯上塗開。

11 製作青蘋果慕斯。在青蘋果泥中倒入砂糖、檸檬汁、卡爾瓦多斯酒、已泡發並用微波爐溶解的吉利丁,混合攪拌。將碗放入冰水中,一邊混合一邊冷卻,直至出現黏稠勾芡狀。

15 避開青蘋果芯,將蘋果切成薄片,鋪成扇狀,再以切片的萊姆、藍莓、切碎的開心果、細菜香芹裝飾。

Point

當慕斯呈黏稠的勾芡狀時,較不易流進模具與蛋糕體的縫隙中,成品會更美觀。

12 加入打發 8 分的鮮奶油,均勻混合,做成堅挺的慕斯。

13 倒入 10 中,用抹刀抹平,冷卻定型。也可以冷凍保存(參考 92 頁)。

Arrange ***

簡單裝飾圓形蛋糕

使用 12cm 的圓形模具,可以省下包在周圍的蛋糕體,外觀較為簡單。葡萄柚果肉只使用一半的分量,慕斯的分量則和食譜相同。

Letii

草莓生乳酪塔

Letii

草莓生乳酪塔

以口感酥鬆的甜酥塔皮作為基底，放上滑順的草莓生乳酪，裡面再放入大量的 2 種莓果，雖然組成簡單，但口感互相對應，味道一點都不單調，吃再多都不會膩。表面以豪華的草莓奶油裝飾。

提升風味
的秘訣
＊＊＊

用蛋糕體包住濕氣

在甜酥塔皮上直接放上生乳酪的話，生乳酪的水分會沾濕塔皮。因此在中間夾入 1 片蛋糕體。蛋糕體會吸收水分，維持甜酥塔皮的口感，除此之外，蛋糕體的厚度也能增加蛋糕的分量。在甜酥塔皮和蛋糕體中間，以少量的生乳酪黏著。

材料 直徑 17cm 的活底橢圓形模具 1 個
（也可使用直徑 15cm 的活底圓形模具，用相同分量製作）

甜酥塔皮（只使用一半分量）

低筋麵粉	70g
糖粉	25g
無鹽奶油	35g
蛋黃	1 顆
香草精	少許

手指蛋糕體（只使用一半分量）

蛋白	1 顆
砂糖	30g
蛋黃	1 顆
低筋麵粉	30g

草莓生乳酪

奶油起司	100g
砂糖	40g
原味優格	50g
冷凍草莓泥（解凍）	90g
吉利丁粉	6g
（用水 30g 泡發）	
鮮奶油（打發 6 分）	100g

草莓（切成丁狀）、冷凍覆盆莓（整顆，不用解凍） 總共 60g

草莓鮮奶油

冷凍乾燥草莓粉	4g
砂糖	10g
水	9g
鮮奶油（打發 6 分）	100g

裝飾

蘋果、草莓、覆盆莓、冷凍紅醋栗

各適量

巧克力裝飾、塑型巧克力裝飾
（參考 94、95 頁） 適量

＊冷凍乾燥草莓粉，是將新鮮的草莓冷凍乾燥後做成粉末。可在烘焙材料行購得，因容易泛潮所以需仔細密封保存。

＊剩下的甜酥塔皮可以冷凍保存。雖然手指蛋糕體也可以冷凍保存，但易腐壞，所以不推薦。

作法

1 參考 54 頁步驟 **1～3**，製作甜酥塔皮，只使用一半分量。撒點麵粉（分量外），用擀麵棍將麵團延展成比模具稍微大一點的橢圓形，在冰箱冷卻 20 分鐘後，用模具切出形狀。

2 用叉子在麵團上點出孔洞，用 180 度的烤箱烤焙 10 分鐘，烤出焦色。

3 參考 36 頁，製作手指蛋糕。用 7mm 的圓形花嘴擠出和模具相同大小的橢圓形，製作 2 片蛋糕體，不過這裡只使用 1 片。用 180 度的烤箱烤焙 9～10 分鐘，冷卻後，將最外圈切除，讓蛋糕體比模具小一圈。

4 製作草莓生乳酪。將奶油起司放置在常溫下，變柔軟後，攪拌至滑順為止。加入砂糖和優格混合，慢慢倒入果泥。

5 加入已泡發並用微波爐溶解的吉利丁粉混合，加入打發 6 分的鮮奶油，仔細攪拌均勻。

6 在甜酥塔皮上塗上少量的 **5**，將蛋糕體的烤焙面朝下，疊在正中央，輕壓使之貼合。

Point

生乳酪取代糊糊，防止 2 片蛋糕脫落。但塗太多會產生濕氣，請用最少量的乳酪。

7 將模具放到保鮮膜上，用橡皮筋固定當作底部。將 **6** 鋪進去。

8 倒入一半分量的生乳酪，用湯匙的背面抹平，並將邊緣抹乾淨。放上切丁的草莓、以及冷凍覆盆莓。

9 倒入剩下的生乳酪，用橡膠刮刀抹平，冰到冰箱冷卻定型。也可以冷凍保存（參考 92 頁）。

10

製作草莓鮮奶油。混合冷凍乾燥草莓粉和砂糖，加水溶解至糊狀。

Point

不能直接加入鮮奶油，要先和砂糖溶解成糊狀後才加入。

11

打發鮮奶油至黏稠的 6分，加到 10 中，用橡膠刮刀攪拌。

12

和糊狀物混合時，鮮奶油會馬上變得硬挺，所以鮮奶油一定要鬆。攪拌至鮮奶油呈粉紅色。

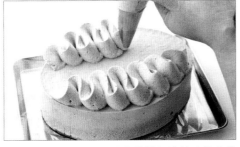

13

參考 92 頁取下模具，將草莓鮮奶油放入擠花袋中，使用聖多諾黑花嘴（口徑 2.5cm），在生乳酪的兩側擠出波浪狀。擠花袋不要躺平，垂直地拿著才能擠出立體又漂亮的形狀。

14

中間空著大約寬 3cm，左右兩邊的造型對稱。

15

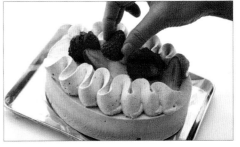

在正中間放上蘋果切片（切法參考 71 頁）、草莓、覆盆莓、紅醋栗、羽毛造型的巧克力、塑型巧克力等。

Arrange
***

聰明小西點

可按照同樣做法，使用 15×10cm 的長方形模具製作，再切成細長的小西點。用星型花嘴擠出草莓鮮奶油，就能做出可愛的設計。草莓生乳酪和草莓鮮奶油可用 ⅔ 的分量製作。

Alfons

法式薄脆片巧克力蛋糕

這道小西點，是在味道濃郁的黑巧克力慕斯上，疊上具有溫和甜味的牛奶巧克力慕斯。在基底蛋糕上，加入將可麗餅切碎做成的「法式薄脆片」，再鋪上薄薄的巧克力片，這2個部分是口感的重點。擠上大量的鮮奶油，就能呈現立體又美觀的設計。

提升風味的秘訣
* * *

將焦糖巧克力塗在法式薄脆片上

法式薄脆片碰到慕斯等含有水分的食材時會變得濕軟，所以用油脂較多的巧克力包裹住脆片，能夠防止濕氣。將焦糖榛果醬加在巧克力中，會更增添香氣。

材料　15×10cm 的活底長方形模具 1 個

巧克力杏仁海綿蛋糕體

蛋白	50g
砂糖	30g
全蛋	35g
糖粉	25g
杏仁粉	25g
低筋麵粉	20g
可可	6g

賓治酒（混合材料）

白蘭地	5g
水	7g

焦糖巧克力法式薄脆片

牛奶巧克力	10g
焦糖杏仁醬	20g
法式薄脆片	20g

巧克力慕斯

牛奶	50g
砂糖	15g
蛋黃	1 顆
吉利丁粉	2g
（用水 10g 泡發）	
可可含量 65% 的黑巧克力（切碎）	35g
鮮奶油（打發 7 分）	45g

巧克力歐蕾鮮奶油

可可含量 40% 的牛奶巧克力（切碎）	
	80g
鮮奶油（打發 7 分）	80g

裝飾

巧克力裝飾（參考 94 頁）、金箔	
	各適量

＊法式薄脆片，是將烤好的可麗餅薄切成碎片狀的食材。可以在烘焙材料行購得，商品名稱有 Pailleté Feuilletine、Royaltine 等。

作法

1

參考 36 頁，製作巧克力杏仁海綿蛋糕體。此處將可可粉和低筋麵粉一起撒入，在烘焙紙上延展成 26×22cm 的長方形，以 190 度的烤箱烤焙 8~9 分鐘。

2

覆蓋烘焙紙以防乾燥。冷卻後取下烘焙紙，配合模具的尺寸切下 1 片。放在托盤上，用毛刷塗上賓治酒。

3

將牛奶巧克力和焦糖杏仁醬混合，加熱融化，再加入法式薄脆片均勻地混合。

4

均勻地鋪在 2 上面，輕壓攤平。

Point

鋪太厚的話，口感會太硬，和慕斯不搭。請均勻地鋪上薄薄一層。

5

用模具輕輕固定住，連同模具放進冰箱冷卻。

6

製作巧克力慕斯。參考 30 頁的步驟 7 ~ 8，製作英式蛋奶醬，加入已泡發的吉利丁，用餘熱溶解。

7

在碗中加入切碎的黑巧克力，分 2 次倒入蛋奶醬，每次仔細攪拌，使巧克力溶解。將碗放入冰水中，一邊混合一邊冷卻，需注意不能冷卻過頭，否則會太濃稠。

8

將打發 7 分的鮮奶油分 2 次倒入，混合攪拌。

9

一口氣倒入 5 的模具中，輕敲底座使表面平整。

Point

若步驟 7 冷卻過頭，或沒有一口氣倒進模具中，慕斯會變很黏稠，表面難以平整。

10

放在冰箱充分定型,也可以冷凍保存。參考92頁取下模具,切成7等分。

11

製作巧克力歐蕾鮮奶油。用隔水加熱的方式溶解牛奶巧克力,調整至40度。加入一半分量已經打發7分的鮮奶油,用打蛋器快速攪拌。

12

攪拌至呈甘納許狀,均勻且漂亮地融合。

Point
如果步驟11的巧克力溫度太低,或是12沒有充分混合,巧克力就會結塊。

13

倒入剩下的打發7分鮮奶油,用打蛋器稍微攪拌後,改用橡膠刮刀攪拌均勻,需注意如果攪拌過頭,會造成巧克力乾硬。

14

立即放入擠花袋中,用寬2cm的波浪狀花嘴在蛋糕上擠出波浪,拿的時候,將有波浪形狀的那邊靠近自己。

Point
不要壓著花嘴擠,稍微抬高一點,擠出來的造型才有立體感。

15

輕輕地將2×10cm的巧克力裝飾片放上去,有光澤的那面朝上。

16

改用星型花嘴(12齒,尺寸10號),擠在巧克力薄片上的4處。以金箔裝飾。

Arrange
***

製作圓形小甜點

使用直徑5～5.5cm的活底圓形模具,做出高2.5cm的甜點,成品相當可愛。上頭的裝飾是以星型花嘴擠出的巧克力歐蕾鮮奶油,加上巧克力圓片。相同的食譜可以做出6～7個。

Millefeuille Fascinant

法式千層酥

Millefeuille Fascinant

法式千層酥

將奶油千層派皮和鮮奶油疊在一起的法式千層酥，口感酥脆。在鮮奶油中加入奶油的話就不易出水，為防止千層派皮沾染濕氣，所以這道甜點搭配了加有奶油的卡士達醬。鮮奶油中也加入了開心果，裡面還夾有覆盆莓果醬，味道豐富。

提升風味的秘訣 * * *

在表面裹上糖衣，防止水分

在奶油千層派皮快烤好前取出，於表面撒上糖粉，再以高溫於短時間內烤焙，就能做出一層又薄又香的糖衣。糖衣可以保護千層派皮不被鮮奶油的水分沾濕，維持酥脆的口感，而且糖衣本身清脆的口感，也能提升整體風味。

材料　直徑約 14cm 的模具 1 個（直徑 16cm 的活底圓形模具或塔圈）

奶油千層派皮（這裡只使用 225g）

高筋麵粉	70g
低筋麵粉	70g
鹽	3g
無鹽奶油（先融化）	45g
冷水	60g
無鹽奶油（奶油餡用）	150g
高筋麵粉	30g
低筋麵粉	30g

糖粉　適量

覆盆莓果醬

冷凍覆盆莓（整顆）	60g
水	20g
砂糖	17g
果醬用果膠（參考 25 頁）	3g

卡士達醬

牛奶	175g
香草莢	豆莢約 3cm
砂糖	45g
蛋黃	2 顆
低筋麵粉	11g

穆斯林奶油餡

卡士達醬	前面取 225g
無鹽奶油	75g
櫻桃白蘭地	7g
開心果醬	15g

裝飾

覆盆莓	1 包
開心果、防潮糖粉	各適量

＊直切香草莢，用刀背將豆子取出。

＊開心果醬使用的是將新鮮的開心果磨碎，做成果醬的鮮綠色款，可在烘焙材料行購得。如果沒有的話也可以不用放。

作法

1　參考 64 頁製作奶油千層派皮。各取 3 份 75g 的麵團，撒點麵粉（分量外）在烘焙紙上，用擀麵棍延展成 18cm 的圓形。放進塑膠袋中，冰在冰箱 1 小時以上。

Point

沒有充分醒麵的話，烤焙時會塌陷，或是變形。

2　用叉子在兩面均勻地點出孔洞，使用直徑 16cm 的塔圈，或是圈模切出 3 片。

3　連同烘焙紙移到烤盤上，用 200 度的烤箱烤焙 6 ～ 7 分鐘。如果膨脹的話就放上烤網輕壓，注意不要讓麵團過度膨脹，再烤焙約 10 分鐘。

4　用濾茶網撒上糖粉，用 230 度的烤箱烤焙 2 ～ 3 分鐘，使糖粉溶解定型，在表面裹上糖衣。

5　背面也一樣裹上糖衣。這道步驟可以防止派皮沾染濕氣，也能增加砂糖的香氣。靜置放涼。

6　參考 27 頁步驟 13 ～ 14，製作果醬，此處使用時不加入鏡面果膠。放到擠花袋中，將尖端剪成寬 6 ～ 7mm。

7　參考 64 頁製作卡士達醬。此處在牛奶中，加入香草莢，放置冷卻至常溫。

8　製作穆斯林奶油餡。將在常溫中放置至柔軟的奶油，加到卡士達醬中，用手提打蛋機充分攪拌至泛白為止。

9　等到空氣進入，奶油泛白後，加入櫻桃白蘭地混合。取 150g 放入擠花袋中，花嘴為寬 1cm 的圓形。剩下的用於製作開心果鮮奶油。

10 在 5 的邊緣每隔 1cm 擠奶油餡，正中間擠漩渦狀。漩渦狀可壓著花嘴擠，比邊緣的奶油餡稍低。

14 再疊上一層奶油千層派皮。重複步驟 10 ～ 12，擠出開心果鮮奶油和果醬，擺上覆盆莓。開心果鮮奶油要留一點作為裝飾用。

11 將一半分量的果醬擠在正中間的奶油餡上面。

Point
能控制甜味的果醬是味道與口感的重點。

15 在奶油千層派皮上擺上細長的紙片，用濾茶網均勻地撒上防潮糖粉，輕輕地取下紙片。

16 疊到 14 上面，注意不要破壞糖粉的花紋。

12 在果醬上面擠出漩渦狀的奶油餡。邊緣的空隙放上覆盆莓，冰到冷藏或冷凍庫定型。

Point
之後上面還要擺其他部分，所以需冷卻定型至鮮奶油不會被重量壓垮為止。

17 在邊緣擠上開心果鮮奶油，間隙擺上覆盆莓，並以切片的開心果作為裝飾。冰到冰箱 1 小時後再切（參考 92 頁）。

13 將開心果醬加到剩下的穆斯林奶油餡中，用手提打蛋機，攪拌至滑順為止。

Khloe
抹茶塔

Khloe

抹茶塔

使用大量抹茶的甜塔。中間包著抹茶甘納許，上頭裝飾著 2 種鮮奶油，全部都使用白巧克力，充滿牛奶滑順的口感。不過僅是這樣的話，口感會比較單調，所以我們用巧克力薄片讓口感產生變化，這個技巧也能防止濕氣，讓塔皮維持酥鬆的口感。

提升風味
的秘訣
＊＊＊

將薄薄的巧克力塗在塔皮上

為了不讓塔皮被甘納許的水氣沾濕，我們可以在塔皮的內側塗上一層薄薄的巧克力醬，巧克力的油脂能鎖住水分。為了配合甘納許和鮮奶油的口味，巧克力使用白巧克力。

材料 直徑 7cm、高 1.6cm 的塔模 4 個

甜酥塔皮（這裡只使用一半分量）

低筋麵粉	70g
糖粉	25g
無鹽奶油	35g
蛋黃	1 顆
香草精	2 ～ 3 滴
白巧克力	適量

抹茶甘納許

鮮奶油	40g
白巧克力（切碎）	130g
抹茶	3g
白蘭地	9g

白巧克力鮮奶油

鮮奶油	25g
白巧克力（切碎）	40g
鮮奶油（打發 7 分）	50g

白巧克力抹茶鮮奶油

鮮奶油	25g
白巧克力（切碎）	40g
抹茶	2g
（用水 6g 溶解）	
鮮奶油（打發 7 分）	50g

裝飾

巧克力裝飾（參考 94 頁）	適量
抹茶、金箔	各適量

＊剩下的甜酥塔皮可以冷凍保存。

作法

1

參考54頁步驟 **1～3** 製作甜酥塔皮，此處只使用一半分量。將麵團分成4等分，撒點麵粉（分量外），用擀麵棍延展成比模具大上一圈的圓形。

2

鋪進模具中，用刀子沿著邊緣，將多餘麵團切除。

3

用叉子在底部戳洞，鋪進大一圈的鋁箔杯，放入紅豆或烘焙用重石。

4

以180度的烤箱烤焙10～12分鐘，當邊緣出現焦色時，將重石取出，再烤焙3～4分鐘。冷卻後將模具取下。圖片左邊是將重石取出的時機，右邊是烤焙完成的樣子。

Point
剛烤完時非常易碎，請務必待至冷卻後再取下模具。

5

用隔水加熱的方式溶解白巧克力，用毛刷將一層薄巧克力均勻地塗在4的內側，注意不要弄破塔皮。冰到冰箱冷藏，讓巧克力定型。

6

製作抹茶甘納許。將鮮奶油和白巧克力加在一起，放進微波爐，當開始沸騰冒泡時取出，仔細混合，做成有光澤的甘納許。

7

加入以白蘭地溶解的抹茶，均勻地混合。直接加入抹茶粉的話會結塊，請務必先以液體溶解後再加入。

8

等稍微冷卻，呈勾芡狀後，平整地倒入塔皮中，冰到冰箱定型。

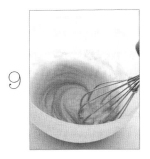

9

製作白巧克力鮮奶油。和步驟 **6** 相同，製作甘納許，放置冷卻。如果沒有充分冷卻的話，之後倒入的鮮奶油會溶解，需特別注意。

13

用熱水燙過湯匙後，將水氣擦乾，從白巧克力抹茶鮮奶油上面挖圓球，將湯匙面向下扣著挖，奶油就會變成圓球狀。

10

加入已打發 **7** 分的鮮奶油，稍微混合。過度混合的話會產生分離，所以將全部材料稍微混合即可。

14

將圓球狀的抹茶鮮奶油輕輕舀起，用碗的邊緣調整型狀。

11

放入擠花袋，用聖多諾黑花嘴（口徑 1.5cm），在 **8** 的上面擠出放射狀曲線，從接近邊緣的地方開始擠會較美麗。擺上直徑 6cm 的巧克力圓片。

15

立即放到 **11** 的正中央，讓奶油球沿著湯匙滑到蛋糕上。撒上少量的抹茶粉，以螺旋巧克力、金箔裝飾。

12

製作白巧克力抹茶鮮奶油，和製作白巧克力鮮奶油的方法一樣。此處將甘納許放置冷卻後，加入以水溶解的抹茶。為了維持形狀，請仔細打發，調整硬度。

Poisson d'avril

四月的魚

Poisson d'avril

四月的魚

法語「Poisson d'avril」為「4 月的魚」之意，為愚人節會吃的魚造型甜點。在法國，用巧克力和酒心糖做成的魚造型甜點屬蛋糕之列，但在這裡我們則是用奶油千層派皮作為魚造型的基底，放上大量的鮮奶油和草莓，做成小西點也相當可愛。

提升風味
的秘訣
＊＊＊

將蛋汁塗在派皮上

為了維持千層派皮酥脆的口感，烤焙時將蛋汁塗在派皮底部，表面會形成蛋膜，能夠防止鮮奶油的水分，再將海綿蛋糕撕碎放入，海棉蛋糕可以吸收奶油，全面防止濕氣滲透。外觀看起來也會比較有份量。

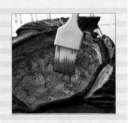

材料　大的魚造型模具 1 個

奶油千層派皮（這裡只使用 300g，小的魚造型模具使用 150g）

高筋麵粉	70g
低筋麵粉	70g
鹽	3g
無鹽奶油（先融化）	45g
冷水	60g
無鹽奶油（奶油餡用）	150g
高筋麵粉	30g
低筋麵粉	30g
打散的蛋黃	適量

卡士達醬

牛奶	90g
砂糖	20g
蛋黃	1 顆
低筋麵粉	6g
香草精	少量
無鹽奶油	30g
海綿蛋糕或蛋糕體	適量
草莓	中等大，1 包
覆盆莓、防潮糖粉	各適量
巧克力裝飾（參考 95 頁）	1 個

＊海綿蛋糕或蛋糕體請撕碎後使用，即使是做別的蛋糕時切下來的碎片或剩下來的部分也沒關係。

事前準備

在紙上畫出和上面相同尺寸的魚，剪下來做成模具。

18cm　18cm

作法

1

參考 64 頁製作奶油千層派皮。取 2 份 150g 的麵團，撒點麵粉（分量外）在烘焙紙或揉麵墊上，用擀麵棍延展成 20cm 的正方形。連同墊子放進塑膠袋中，冰在冰箱 1 小時以上。

Point

沒有充分醒麵的話，烤焙時會塌陷或變形。

2

放入冷凍庫 15 分鐘讓麵團緊實，用刀子根據模紙切出 2 片魚造型麵團。因為要放水果和鮮奶油，所以把其中一片的中心挖空。切下來的麵團，另外做成胸鰭造型。

Point

冷凍後麵團會定型，用鋒利的刀子切，較不會破壞麵團，也能烤焙出漂亮的形狀。

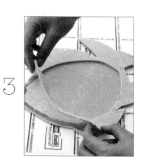

3

在沒有挖空的那片邊緣，用毛刷塗上蛋黃，需注意蛋汁不要流到外側的切面上。將另 1 片重疊放上去，輕壓密合。在挖空的中間部分用叉子點出孔洞。

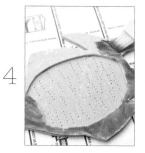

4

將蛋汁塗在上面那片派皮上，注意蛋汁不要沾到外側切面，不然烤焙時麵團會無法膨脹。也把胸鰭造型的麵團塗上蛋汁。

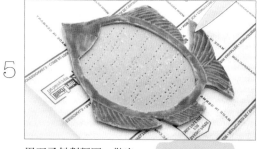

5

用刀子斜劃麵團，做出魚鰭的紋路。

Point

不只是輕劃，而是將表面淺淺地割開來製造紋路。

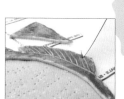

6

放入 200 度的烤箱中，烤焙 6 ～ 7 分鐘，正中間膨脹時，就用叉子的背面往下壓。再烤焙 15 分鐘至出現香味和焦色。胸鰭也烤焙至出現香味和焦色後，取出冷卻。

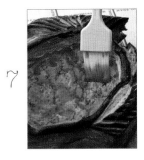

7 從烤箱取出，在正中間底部塗上一層薄薄的蛋汁，再烤焙3～4分鐘。

8 底部形成蛋膜，整體散發出香氣時即是烤焙完成。放置冷卻。

9 將海綿蛋糕或蛋糕體撕碎，撒在底部。

Point

海綿蛋糕可以吸收奶油和水果的水分，防止派皮沾染濕氣。

10 參考64頁，製作卡士達醬，冷卻後加入香草精。加入在常溫下變得柔軟的奶油，用手提打蛋機攪拌至泛白為止。

11 倒在9的上面，不是平整地倒入，而是中間稍微有點凸出，呈山形。卡士達醬要留一點用來黏合眼睛。

12 將草莓去蒂，切開呈扇狀，擺放在蛋糕邊緣，正中間放切半的草莓。

13 用胸鰭、未去蒂頭的草莓和撒了防潮糖粉的覆盆莓做裝飾。

14 在眼睛裝飾的背面，塗上少量的卡士達醬，貼上去。

Arrange
***

小魚造型甜點

用10cm的四方形紙做出模具，就能製作小魚造型。麵團延長成20cm的正方形，切成2片，作法相同。

讓蛋糕外觀更美麗的技巧

我們用心製作了各個部分，並仔細組裝，但如果在最後取下模具或切開時失敗的話，就糟蹋了一切。為了讓美味的蛋糕到最後都能順利完成，在此介紹完成的技巧。

❋ 取下模具 ❋

用圈模做成的慕斯或巴伐利亞蛋糕，冷卻定型後就會緊黏在模具內側。強行取出的話會造成表面損傷甚至缺角。讓我們加溫模具，讓蛋糕稍微融化，順利地取下模具吧。

用熱過的毛巾加溫

1 將浸濕後擰乾的毛巾摺成條狀，放進微波爐加熱。因為是熱毛巾，要注意取出時不要燙傷。包在模具外側加溫。

2 取下毛巾，嘗試輕輕地垂直拿起模具，如果能順利取下就 OK。如果有沾黏的部分，就再一次加熱毛巾，特別敷在取不下來的部分。強行取下只會造成部分損傷，一定要加溫至能夠順利取下為止。

用瓦斯噴槍加溫

火力強的瓦斯噴槍是取下模具的方便道具，但要注意燙傷或加熱過頭。將噴槍的火力調弱，靠近模具的邊緣，輕輕地加熱一圈後，拉起圈模。

需要特別注意，如果慕斯或巴伐利亞蛋糕的表面碰到火焰，或是模具過熱的話，蛋糕反而會溶解崩塌。重點在於「稍微加熱，嘗試拔起，拔不起來再稍微加熱」。

❋ 切割 ❋

切蛋糕時推薦鋸齒狀的刀子。如果包有海綿蛋糕或水果的話，用菜刀會切壞蛋糕。鋸齒狀刀具不用施力，而是「像是鋸子」般前後移動，輕輕鋸開蛋糕。

1 用瓦斯噴槍或瓦斯爐烤刀子，過熱的話會讓慕斯融化，所以稍微加熱即可。

2 不要壓壞切面，切的時候輕輕前後移動，不要施力，垂直地向下切，並確認確實地切到底部。每切完一次後，都要拿抹布擦拭刀子再切，沒擦的話，下次切的時候，殘留在刀刃的碎屑會黏在切面上。

❋ 關於冷凍保存

組合完成的蛋糕，在裝飾前的階段可以冷凍保存。組合完成後先冷凍一次，等到完全凝固後，再用保鮮膜包起來，放進能夠密封的保鮮袋中，等於密封 2 層。如果沒有密封的話，蛋糕會變得乾燥或是沾染冰箱味。在這種狀態下可以保存 2 週。

要吃的時候，冰在冷藏庫一個晚上，讓它慢慢解凍再裝飾。卡士達醬、布丁狀的甜點，還有打發的鮮奶油不能冷凍。能不能冷凍請參考各食譜。

華麗的裝飾素材

烘焙材料行販售著許多裝飾素材,應該許多人會困惑於怎麼選才好,因此這裡介紹各個素材的用途和選擇方法。

鏡面果膠

無色透明,塗在蛋糕或水果表面的話會有光澤,並且能防止乾燥。市售有加熱型和非加熱型兩種,分別使用於不同用途。兩種都能保存於冷藏庫,甚至可以冷凍。

這本書使用的是非加熱型。因為是柔和的果凍狀,可以直接用毛刷塗在慕斯或巴伐利亞的表面,還能和果泥或果醬混合,作為上色使用。但是塗在水果上面時,會隨時間消失,所以不適合用在水果上。

市售也有加熱 加水使用的類型,這是固態的果凍狀,加水後再加熱溶解使用,塗上去後,會再次凝固成果凍狀,所以適合塗在水果上面。但慕斯或巴伐利亞蛋糕容易因果膠的熱度融化,所以不適合使用這類型。

非加熱型　　　　加熱型

亮晶晶的表面裝飾素材

鏡面巧克力蛋糕這類配色時髦的甜點,經常會搭配亮晶晶的裝飾。因為有各種形狀,使用不同的素材就會改變蛋糕的外觀,請試著選擇自己喜歡的搭配。

噴霧金粉

能夠噴出金粉的噴霧罐,也有銀粉噴霧。輕壓就能噴霧裝飾,如果按太大力的話,蛋糕全部都會變成金色的,需特別注意。

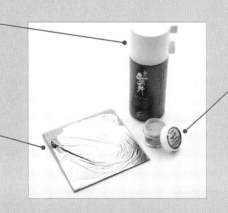

金箔

做菜時也會用到的極薄金紙。用竹籤或鑷子輕挾下來,貼到甜點上,因為可以自由調整大小,十分方便。

珍珠粉

細緻的粉狀,可用筆尖輕沾後,輕敲筆桿讓粉落在蛋糕上,也可以用細筆直接塗在酒心巧克力上。重點是不要沾太多,沾一點點在成品上,就會相當高雅。很多製造商都有販售,顏色都稍有不同。

能夠買到這本書使用的材料、器具的烘焙材料行及道具店

TOMIZ(富澤商店)

以神奈川縣、東京都為中心,擁有許多分店。網羅各種食材,除了甜點材料和器具外,還有乾貨或異國材料。我們公司也有販賣小包裝,份量和價格都較適合讀者。富澤也有線上商店,定期也會刊載我的食譜。

https://www.tomiz.com

Nuts2Deco

收羅許多裝飾素材和器具的網路商店,也能買到小包裝的亮粉。

http://www.nut2deco.com

フレーバーランド

位於東京都的合羽橋道具街,擁有豐富的食品香料、利口酒、裝飾素材,也有許多專門用品,像是金箔類和珍珠粉。

http://www.flavor-land.com

川崎商店

合羽橋道具街的甜點道具店,除了有基本的做甜點工具外,也有各種模具。

http://www.kwsk.co.jp

馬嶋屋菓子道具店

合羽橋道具街的甜點道具店,有各種模具,也有網路商店。

https://www.raakuten.ne.jp/gold/majimaya

おかしの森(樂天市場店)

合羽橋道具街的甜點道具店,從基本的做甜點工具到專門的都有,品項豐富,也在樂天網站上販售。

https://www.rakuten.ne.jp/gold/okashinomori

讓蛋糕更精緻
挑戰巧克力裝飾

在蛋糕上添加細緻的巧克力裝飾，會呈現出立體感，更像專家級的作品。雖然看起來可能有些困難，但只要確實按部就班，誰都能做出漂亮的成品。

❈ 熟練基本的巧克力調溫 ❈

為了做出有光澤的巧克力裝飾，調溫是必要的。不調溫的話就無法產生光澤，也很容易就融化，或很難撕下蛋糕圍邊。一定要一邊用溫度計測量一邊製作。

1 粗略地將巧克力切塊，放入不鏽鋼碗中，用鍋子把水燒開，轉母火，讓碗浮在水上，以隔水加熱的方式使巧克力融化，提升巧克力的溫度，黑巧克力為 45 ～ 50 度，牛奶、白巧克力為 40 ～ 42 度。

Point
使用的鍋子與碗的直徑要大致相同，鍋子太大的話，巧克力會碰到熱氣，甚至淋到熱水；相反的，碗太大的話，會直接碰到鍋子的熱度，巧克力溫度會過高。

2 將 3 ～ 4 顆冰塊放進水中，然後將碗放到冰水裡，用橡膠刮刀緩慢地混合。巧克力會從邊緣開始慢慢地冷卻，當開始出現小小的結塊時，將碗從冰水中拿出。

3 再一次隔水加熱。這次的溫度不要太高，稍微加熱後就取出，混合攪拌讓巧克力慢慢融化。重複隔水加熱、取出的動作，巧克力會逐漸融化，結塊會消失，當巧克力變得滑順時即是完成。黑巧克力的溫度為 31 度，牛奶、白巧克力是 29 度，當溫度過高時，就從步驟 1 重來。

Point
想要融化碗或橡膠刮刀邊緣的巧克力塊，或只是要稍微提高溫度時，吹風機的熱風十分方便。但是溫度會比想像的還要高，所以不要靠太近。

薄片

將調溫過的巧克力適量地倒在透明玻璃紙上，用抹刀抹成均一厚度。趁還沒定型時，輕敲檯面，讓塗抹的痕跡消失。

放置於室溫中乾燥，直到表面不再黏稠，背面放上托盤等有重量的物品，放進冰箱冷卻定型。壓重物可以防止翹起。

網格片

將調溫過的巧克力放進擠花袋中，尖端剪開一個細細的開口，在玻璃紙上擠出網格狀，和做薄片一樣，乾燥後在背面放上重石，等待冷卻定型。

壓模 & 切割

將薄片狀的巧克力放置至表面不再黏稠的程度時，就能用模具切割，如果完全凝固後再切割，巧克力會碎掉，需特別注意。同樣也在背面放重石，冷卻定型。

用刀子切割時的時機和壓模一樣。

羽狀	螺旋狀

用湯匙背面舀大量的調溫巧克力，再用碗將邊緣抹乾淨，輕壓在透明玻璃紙上後，將湯匙往自己的方向拉，壓太大力的話巧克力會變太薄且易碎，需特別注意。冷卻定型後，取下玻璃紙。

1　將調溫過的巧克力，適量地倒在蛋糕圍邊上，用有凹凸齒槽的刮板梳畫出筆直的橫線，或是用凹凸狀的橡膠防震墊取代刮板梳也可以。

2　當表面乾燥至不再黏稠時，將巧克力連同玻璃紙一同扭轉，呈螺旋狀。冷卻定型後再去除玻璃紙。沒乾時旋轉的話會無法成型，定型後再旋轉則會扭斷。

✳ 塑型巧克力裝飾 ✳

塑型巧克力是加工過的黏土狀柔軟巧克力，用於手工藝。只要放在室溫下，就能用擀麵棍延展，製作出喜歡的形狀。

雛菊	「四月的魚」的眼睛

1　用防潮糖粉取代麵粉，用擀麵棍將塑型巧克力延展成薄薄一片。

2　壓模時，使用製作翻糖蛋糕時會用到的雛菊模具，附有彈簧。

3　用隔水加熱的方式，融化市售的巧克力筆等帶有顏色的巧克力，放入擠花袋中，在尖端剪一個細細的開口，擠出花蕊造型。

1　將延展成薄薄一片的塑型巧克力，用4cm的圓形模具和7mm的圓形花嘴，壓成2片圓形巧克力。黑巧克力做成的薄片，則是用2.5cm的圓形模具切割。

2　用少量的融化巧克力取代糨糊，塗在背面，將3片巧克力黏合在一起。配合「四月的魚」的尺寸，調整壓模的大小。

TITLE

「烘焙前置作業」3 堂課 做出誘人甜點蛋糕

STAFF		ORIGINAL JAPANESE EDITION STAFF	
出版	瑞昇文化事業股份有限公司	攝影	北川鉄雄
作者	熊谷裕子	菓子製作アシスタント	田口竜基
譯者	顏雪雪	レイアウト	中村かおり（Monari Design）
		編集	オフィスSNOW（畑中三応子、木村奈緒）
總編輯	郭湘齡		
文字編輯	徐承義　蕭妤秦		
美術編輯	許菩真		
排版	沈蔚庭		
製版	明宏彩色照相製版有限公司		
印刷	桂林彩色印刷股份有限公司		

法律顧問	經兆國際法律事務所　黃沛聲律師
戶名	瑞昇文化事業股份有限公司
劃撥帳號	19598343
地址	新北市中和區景平路464巷2弄1-4號
電話	(02)2945-3191
傳真	(02)2945-3190
網址	www.rising-books.com.tw
Mail	deepblue@rising-books.com.tw
本版日期	2020年5月
定價	320元

國家圖書館出版品預行編目資料

「烘焙前置作業」3堂課做出誘人甜點
蛋糕 / 熊谷裕子作. -- 初版. -- 新北市：
瑞昇文化, 2019.11
　96面；　18.2x25.7公分
ISBN 978-986-401-380-7(平裝)

1.點心食譜

427.16　　　　　　　108017255

CAKE GA OISHIKUNARU SHITAGOSHIRAE OSHIEMASU
© YUKO KUMAGAI 2018
Originally published in Japan in 2018 by ASAHIYA SHUPPAN CO.,LTD..
Chinese translation rights arranged through DAIKOUSHA INC.,KAWAGOE.